0才から2才のネコの育て方

南部美香(Cat Doctor)

高橋書店

知っているようで知らない隣人、ネコ

世界中の人々がネコと暮らすことで喜びを感じています。ネコは人の心に安らぎを与えてくれる、不思議な生き物です。一緒に暮らすうちに、皆さんもその魅力にとりつかれてしまうことでしょう。

本書は、ネコと生活をともにする人たちが、よりよく暮らす方法を記しています。ネコは人間がよく知る生き物である一方、最も神秘的でまだわからないことがたくさんある生き物でもあるのです。

現在のネコは家畜化されて長い年月がたっていますが、いまなお野生の匂いを残しています。彼らの性質や生態を知ることで、より円滑な人間との生活がいま望まれています。

病気のことを始め、食餌《しょくじ》の選択やトイレの砂など、ネコを飼うために初めから知っておきたいことを重点に構成してあります。

私は、ネコ専門の獣医師としてアメリカでの臨床経験を基にネコの医療に従事してきました。そして、飼い主の皆さんにネコとの暮らし方をもう一度見直してもらうことを勧めています。

知っているようでよく知らない隣人、ネコを知るために本書がお役に立てば、これ以上うれしいことはありません。

キャットドクター　南部美香

0才から2才のネコの育て方

ネコと幸せに暮らすための「ネコ学」

第1章 ネコの迎え入れ方

TENTS

第2章 ネコの「食」

第3章 トイレの世話

C O N

第4章 ネコのビヘイバープロブレム

第5章 ネコが快適に暮らすための住宅環境

1

ネコと人間の関係とは？

ネコと人間のつながり

ネコは私たち人間にとって、身近な愛くるしい存在ですが、私たちと暮らすネコたちはもともと日本にいたわけではありません。私たちが一般にネコと呼んでいるのは「家ネコ」のこと。祖先は、エジプト人が家畜化した、4500年前のリビヤネコが始まりといわれています。エジプトで、貯蔵した穀物をネズミの害から守ることが、ネコの役割として重要視されていたようです。

しかし2004年に、9500年前のリビヤネコが、人骨に横たわって地中海のキプロス島で発掘されました。この発見は、現在のネコと人との関わり方と同質の精神的なつながりを推測させます。大昔から人がネコとともに生きていたという事実は驚くべきことです。

日本ネコのルーツを探る

古代エジプトから古代ローマ時代に移る頃、ネコはヨーロッパ各地に広がっていきます。大陸から日本にネコが入ってきたのは、仏教の伝来にともなってのことと考えられます。「仏典をネズミなどの害獣から守る」という重要な任務のためです。源氏物語の「女三の宮」に飼いネコの登場する場面があります。この時代でネコは、ごく一部の人にのみ珍重されていたようです。

現在、日本にいるネコの祖先は「唐ネコ」、つまり中国大陸から渡ってきたという説が有力です。しっぽの曲がったネコ、しっぽの先がカギのようになっているネコ、しっぽの短いネコは日本でも多く見られますが、中国などの東アジアの国でも同じように見られる特徴です。こうして日本に渡ったネコたちの子孫が、いま私たちの傍らにいるのです。

らすための「ネコ学」

2 ネコは小さなハンター

ネコは肉食動物

トラやチーターが、生きた草食動物をハンティングして食べるプレデター（肉食動物）であることはよく知られています。しかし、ネコがプレデターだと認識していない飼い主が多いようです。同じネコ科のトラなどがシマウマやシカをハンティングするのに対し、ネコはネズミを捕ります。ハツカネズミなら1日10匹程度。ウサギ、野鳥、蛙、昆虫なども食べます。しかも、ネコは自分が食べるためだけでなく、満腹でもネズミを捕まえたりします。

日本でもペストが猛威をふるった時代、細菌学者の北里柴三郎が「一家に一匹ネコを」と唱えたのも、ネコがネズミを捕る習性を見極めてのことです。

現在、私たちと暮らすネコは、人間がキャットフードを与えるため、自ら獲物を捕る必要はありません。実際、目の前にネズミがいても食べるまでにはいたりません。トラの子供が母親から狩りを教わるように、子ネコもネズミの捕まえ方を学習する必要があるのです。

ほんとうに魚が好き？

日本では、ネコの食べ物は魚という間違った認識が持たれています。トラがマグロやカツオを食べる姿は誰も想像しません。それは、トラのいる草原にマグロはいないとわかっているからです。ネコも同様で、ネコの生活環境に魚を運んできたのは人間です。本来の食べ物ではない魚を食べることにより「食餌性アレルギー」などの現代病を招くことを、後に詳しく述べます。

ネコと幸せに暮

3
体のしくみ

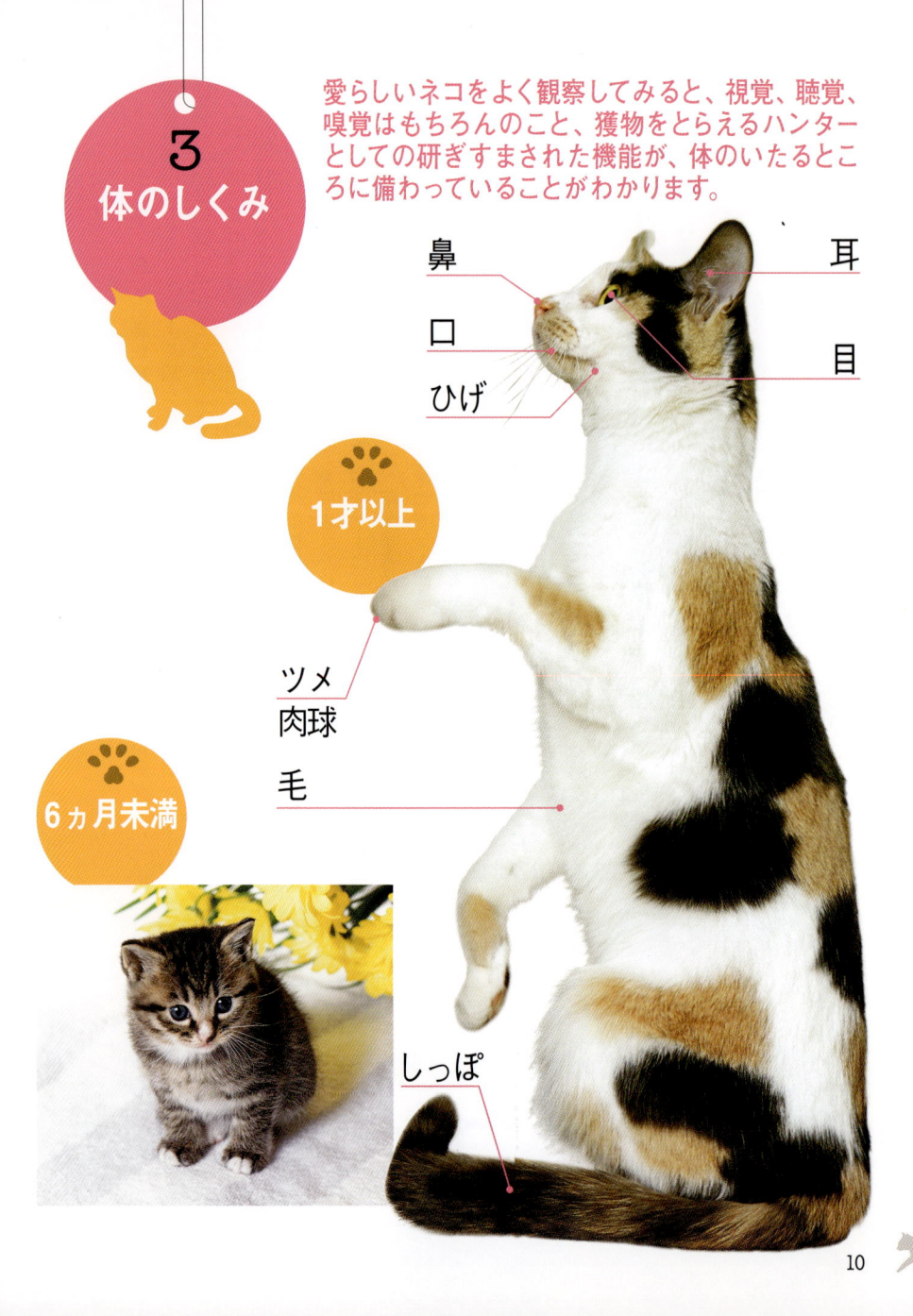

愛らしいネコをよく観察してみると、視覚、聴覚、嗅覚はもちろんのこと、獲物をとらえるハンターとしての研ぎすまされた機能が、体のいたるところに備わっていることがわかります。

1才以上

6ヵ月未満

高度な動体視力の持ち主

虹彩《こうさい》の色は青、黄、緑がある。瞳が丸くなったり、縦1本線になったり、クルクルと瞳の大きさが変わるのは、薄暗いところでもよく見える暗視能力が高いため。視覚能力として、動くものに俊敏に反応する、優れた動体視力を持つ

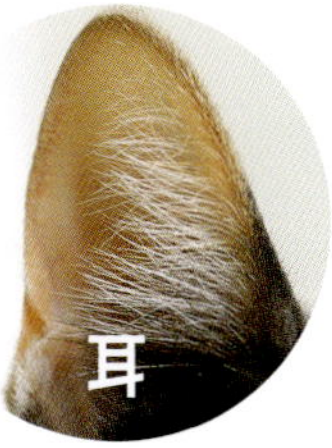

優れた聴力と筋肉

聴覚は人間の3倍と考えられており、高音域の音は、人間より2オクターブ高い音を聴きとれる。耳介は小さな音を効果的に鼓膜に通し、脳へ伝える。耳の筋肉も発達しており、音の方向にすばやく向きを変えることができる

人間の数倍優れた嗅覚

ウイルスやごみをフィルターにかけ、空気を温めて肺に送る。嗅覚に優れ、人間の数倍かぎとれる。食欲は匂いで促されるため、鼻が詰まると目の前の食べ物でも認識できず、食べられない。匂いの強い食べ物で嗅覚を刺激し、食欲を促す

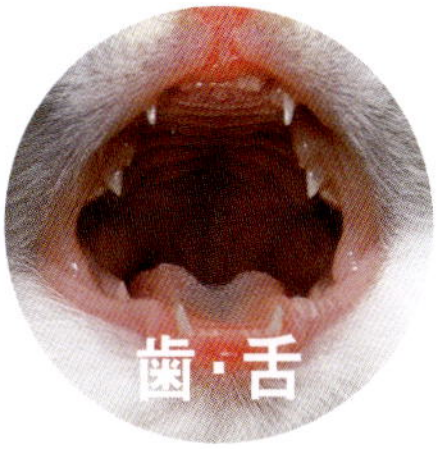

獲物を捕まえる武器

獲物にかみつく犬歯《けんし》と、食べ物を引き裂く臼歯《きゅうし》からなる。26本の乳歯は生後6ヵ月までに、30本の永久歯に生え替わる。舌は無数の粒(乳頭)でザラザラしており、体をなめて抜け毛やごみをとり除く、クシの役目をする

折りたたみ自在のツメ

折りたたみ自由自在。歩行時は、指先で持ち上がった位置に、木に登るときは刺して使う。ツメは、カートリッジのように下から順にできるため、古いツメははがす必要がある。肉球は汗腺があり、汗をかく。匂いづけ行為をツメ研ぎと呼ぶ

毛艶のよさは健康の証《あかし》

アウターコート(外皮毛)と内側のやわらかいアンダーコートの二重構造。健康なネコの毛は艶がある。年間を通して抜け替わり、グルーミングで抜け毛をとる。長毛ネコはブラッシングをしないと、抜け毛がからみつき毛玉になる

長さや形はさまざま

長いしっぽ、短いしっぽなど、いろいろなタイプのしっぽがある。しばしば、しっぽの曲がったネコを見かけるが、これは東南アジアでよく見られる遺伝的な特徴。アメリカやヨーロッパでは、ほとんど見かけることはない

ひげがなくても大丈夫?!

ひげの機能が医学的に語られることは、あまりない。まれに自らのひげをかみ切り、ハサミできれいにカットしたように切りそろえているネコがいる。ひげがないからといって、ネコの生活にあまり支障はないようである

4
ネコの性質

警戒心と好奇心のバランス

ネコの性質を決定づける要素は大きく分けて2つあります。それは「警戒心」と「好奇心」です。この両者のバランスが、性質を形成していきます。

生まれてから2、3ヵ月の子ネコは、みんな好奇心でいっぱいです。人間に対しても好奇心いっぱいに接してきます。子ネコ自ら、人間に近づいてくることもあるでしょう。来客の際、初めて会った人に近づいていったり、抱っこされたりするのも好奇心の表れです。宅配便のチャイムに驚くことなく、着いた荷物の匂いをかいだり、登ってみたりするのも好奇心からくる行動です。

病院を訪れた場合でも、キャリーケースのフタを開けた途端、顔を出して自ら外に出てきます。

警戒心は生きる上で必要

しかし、成長するにしたがい、ネコにとっては生きる上でとても大事な要素である警戒心が表れてきます。

それは、逃げるという行動。「逃げるが勝ち」というネコの生存原理です。自分の身が脅かされないか、安全か危険かを察知する能力が警戒心です。

たとえば、飼い主以外の人が家に来たときは、ソファーの下や家具の後ろなどに逃げて身を隠します。チャイムが鳴っただけで、逃げてしまう行動も警戒心からくるものです。警戒しているネコは、病院でキャリーケースのフタを開けても自ら出てくることはありません。

野生としての本能

「警戒心」と「好奇心」という大きな2つの要素から成る性質は、大人になるにしたがってはっきりと表れてきます。好奇心がより強く、人見知りがなく、警戒心をあまり表さないネコであれば、家族以外の人に対しても喜んで接するネコとなっていくでしょう。

　一方、警戒心が強く表れ、好奇心が家族にだけ向くようなら、それ以外の人がくると身を隠し、けっして姿を見せない態度をとります。そのため「人見知り」、「臆病」、「神経質」な性質のネコということになります。

　しかし、人間からみればマイナスに考えられる、人見知り、臆病、神経質という行動も、野生で生活していたネコという動物としては、しごくもっともなことと理解しましょう。

ネコの性質は十匹十色

　極端な例ですが、好奇心をたった一人だけに向け、ほかの人間には警戒心しか持たないネコがいます。このように一人の人間にしかなつかず、ほかの人間を絶対に排除しようとするネコを「パーソナルキャット」と呼びます。

　好奇心と警戒心の割合はネコによっていろいろです。ですから、いろいろな性格の人間がいるように、ネコも十匹いればそれぞれ違った性質があるのです。

5 ネコの睡眠

眠りの秘密

ネコはとにかくいつも寝ているという印象の強い動物です。1日23時間でも眠ることができます。こんなに寝てばかりでどこか具合が悪いのでは、と心配する飼い主もいるほどです。しかし、起きて活動している間、きちんと食べ、遊び回って運動しているなら、何も問題はありません。

睡眠中に、皮膚がピクピク動いたり、小さくキャッキャッと鳴いたりすることがあります。これは脳が活動して、人間と同様に夢を見ていると考えられています。ネコも人間と同じように、深い眠り（ノンレム睡眠）と浅い眠り（レム睡眠）が繰り返されているのです。

浅い眠りのとき、少しの音で、目を閉じたまま耳だけ動くことがあります。これは人間でいう、うたた寝と思われます。安全と食餌が確保されているネコは、うたた寝で1日を過ごしているのです。

寝てばかりいるネコも、1日の中で活発に活動する時間があります。急に興奮して走り回ったり、飛び回ったりと、びっくりしてしまうような行動をします。夕方から夜にかけて、そして明け方にそのときがおとずれるネコが多く、この時間は、ネズミの活動時間と重なると考えられます（薄明活動性動物）。毎日、定期的に飼い主から食餌を与えられ、自分で獲物を捕る必要のないネコであっても、本能に組み込まれている〝しなくてはならない行動〟なのです。

これが、家畜化されたネコに残る野生の部分です。ですから何も心配せず、やりたいように充分に活動させてあげましょう。

6 ネコの嗜好性

なぜ草を食べる？

「ネコの草」と呼ばれる草があります。麦の芽はそのひとつで、ネコが好んで食べるといわれています。ところが、すべてのネコがこの草を食べるわけではありません。

ネコは草を嗜好としてかんでいると考えられています。夢中でかんでいるうちに草は飲み込まれてしまい、しばらくして嘔吐されるか、そのまま消化されずに便とともに排出されます。ネコにとっての草は、人間が紅茶やコーヒーを飲んだり、ガムをかんだりする、「嗜好品」と同じと考えれば、好んで口にするネコもいれば、まったく口にしないネコがいることも理解できます。

ネコと人間の共通性

麦の芽のようにネコが食べても無害なものならよいのですが、中毒を起こすジャスミンやポインセチアなどの植物の葉をしばしば口にしてしまうことがあります。人間が好む嗜好品も、煙草《たばこ》に代表されるように、体に無害なものばかりでないことと同じです。

これらのことから、ネコの精神構造の一部が人間に近いものと考えることができます。

7 ネコのサインを知ろう

ネコは言葉を話すことができないため、人間やほかのネコとコミュニケーションをとるために鳴き声やしぐさで表現します。ネコが発するサインをしっかりとキャッチしてあげましょう。

甘え

- 飼い主の足元にほほや体をスリスリとすりつける
- すりよるとき、しっぽをピンと立てる
- のどをゴロゴロ鳴らしたり、ニャオーンと甘い声で、繰り返し鳴く
- 目を細める

安心

- 体を伸ばす
- おなかを上向きにする
- モミモミする
- 目を細める

おびえ

- 体をまるめる
- しっぽを体の周りにぴったりとつける
- 耳をねかせる
- 瞳孔が開く

挨拶

- 体はまっすぐ、少しつま先立ち
- しっぽと耳はピンと立てる
- 目をぱっちりと開ける

鳴き声

- ミャー、ニャー＝甘えるとき
- 短くキャッキャッ＝機嫌がよい
- フー、シャー＝恐怖や怒り
- ゴロゴロ＝甘え、または緊張

狩り

- しっぽを左右に振り、目は爛々と大きく見開く。瞳孔は拡張

怒り

- しっぽは毛が逆立ち、太くなる
- 背骨にそった体毛が逆立つ
- 耳をピンと立てる
- うなり声を低くウーッとあげる

誕生から2才までの成長日記

新生ネコ

年月 誕生 → 3週目

体の成長

- 体重100g～120gで生まれ、1日に10g～20gずつ増える
- 1週目で体重200g～250gに。目が開く
- 2週目で体重350g～400g。上下門歯や犬歯など乳歯が生える。この頃に歩き始める
- 4週目で体重400g～500g。まだ母ネコが体温で子ネコを温め、おっぱいを飲ませる
- 6週目、食餌の形成期。母ネコが狩りを教え、食べ物を認識
- 7週目頃、体重600g～700g。ほぼ乳歯が生えそろう。遊びの行動も始まる

お世話

- 定期的に体重を測定し、グラフをつける。体重が増えてない場合、健康に生まれていない心配があるので、獣医師の診察を受ける
- 母ネコが子ネコの世話をするので、飼い主は環境を整え、母ネコの栄養を管理する
- 保護したネコや母ネコが授乳しない場合、約2時間おきに人工ミルクで哺乳する
- 排泄はティッシュを使い、促す（P71参照）
- 排泄して、おなかをすっきりさせてからミルクを与える
- 3週目頃、子ネコ用のトイレを用意する

子ネコ

3ヵ月

6ヵ月

- 3ヵ月頃、体重は1kg～1.5kgに
- 4ヵ月で体重が2kgあれば標準
- 6ヵ月頃に、乳歯から永久歯に生え替わる
- 性成熟する
- 雄のスプレー行動が始まる
- 雌の発情行動が始まる
- 雌は妊娠可能に

←次ページへ続く

- 8週目頃、子ネコ用のプレミアムフードを与える。良質なネコ用ミルクもよい
- 2ヵ月目に初めてのワクチン接種。体温と体重をはかり、診察を受け、健康に育っていればワクチンを接種する
- 2ヵ月頃、ネコじゃらしなど安全なおもちゃを用意する
- 3ヵ月目、2回目のワクチン接種を受ける
- 雄は4ヵ月を過ぎ、体重が2kg以上になったら、スプレーが始まる前に去勢手術ができる
- 行動範囲が広がるため、ひもを食べて腸閉塞になるなど、事故に注意
- 避妊手術をするつもりがあるなら、発情期の前に行うのが理想的

年月

若ネコ

7ヵ月

成ネコ

1才

体の成長

- 顔つきや表情も子ネコの頃より大人っぽくなる
- 8ヵ月頃、体重は3kg～3.5kgに
- 1才で成長はほぼ止まる。体重は3.5kg～5.5kg

お世話

- 6ヵ月を過ぎる頃には、歯の生え替わりの確認を。多くのネコは乳歯を飲み込んでしまう。部屋に落ちている乳歯やグラグラする乳歯を見つけることも
- 1年目の体重測定で、体重を記録しておく。この頃にキャットフードを成ネコ用に切り替える
- 適量を食べ、体重、体格が変わらなければ問題なし
- 2回目のワクチンから1年後が追加接種の時期

2才

5才

- 体重の増加は1才時の15%増であれば問題ないが、1才から数ヵ月足らずで増えるのは注意が必要。また、体重の減少も同様。どちらの場合も獣医師の診察を受けること
- 大きな変化もなく2才を迎えることが理想
- 2才頃から歯石がついてくる
- 5才からは中年期
- 10才からは老齢期
- 10才になるとガンの発生率が上がる

- 1才を過ぎたあとも、毎日必ず30分以上はおもちゃで遊んであげることが必要
- 体重管理として、1ヵ月に1回は体重を量る
- 食餌と水の量を測って、摂取量を知っておく
- 事故を起こさないよう環境を整えることは、これ以降も大切
- 1年に1回は健康診断を受ける
- 2才頃に初めて病院での歯石除去を行う（P146参照）。2、3年ごとに歯石をとる

COLUMN

毛玉を吐くネコ

「毛玉を吐く」という言葉を聞いたことがあると思います。しかし、すべてのネコが毛玉を吐くわけではなく、また吐く必要もありません。

グルーミングでなめとった毛は胃に入ります。飲み込んだ毛は、ふつう消化管を移動して便とともに排泄されます。胃の中になめとった毛だけが存在しているときに(グルーミングして間もないとき)、何らかの原因で、毛玉が吐き出されます。これが、「毛玉を吐く」という現象です。

ですが、大切なのは、「何らかの原因」があるという事実です。なぜなら、病気の可能性もあるからです。毛玉を頻繁に吐くときは、獣医師に相談しましょう。草やビニールなど、嘔吐を誘発させる要因も同時に考慮してください。

「毛球症」という、大量の毛が胃の中で固まり、通過障害を起こす病気がありますが、この原因は不明です。

第1章

ネコの迎え入れ方

ネコを飼うと決めたら 1

動物愛護の精神で

動物愛護の精神の根づいたイギリス、アメリカなどでは、シェルターからドメスティックキャット（家ネコ）をアドプションする（もらい受ける）のがステイタスとされています。これは、シェルターで処分される運命のネコを一匹でも救う行為こそが、動物愛護の精神であり、命を救えたことに誇りが持てるからです。日本なら、愛護センターなどの保護施設から飼い主のいないネコをもらい受けるのがよいでしょう。

ネコ(ドメスティックキャット)が雑種という誤解

品種名から推察して「アメリカにはアメリカンショートヘアが生息している」「日本には昔からジャパニーズボブテイルが生息している」「ロシアンブルーはロシア産？」と、世界各地に、その国特有の容姿をしたネコが昔から生息しているわけではありません。

たとえば熊は、日本ではツキノワグマ（日本が大陸と陸続きだった30万〜50万年前日本に分布）とヒグマが生息しています。この熊たちの種は違います。世界を見渡せば北極にはシロクマ、インド、マレーシアにはマレーグマなど、8種類が生息しています。

ネコは毛色の違いはあっても生物学的には1種類です。日本で見かける普通のドメスティックキャットが、アメリカにもイギリスにもスイスにもいるのです。

進化で家ネコに種類ができるとすれば、数十万年の月日が必要でしょう。

ドメスティックキャットとブリードキャット(品種ネコ)

家畜化されたリビヤネコが家ネコの祖先であると遺伝学的に証明されたことで、生物学的には家ネコとリビヤネコは同一種です。

今から５０００年前、エジプトでは穀物をネズミの害から守るネコを大切にし、家に招き入れて安全な居場所を提供したと考えられています。ネコは、こうして人間と暮らす家畜となり、世界中に広がっていきます。

ネコの被毛の柄はその後、突然変異を繰り返しスポット柄、タビー柄、単色、長毛などが出現しました。真っ黒、真っ白な毛色のネコが出現したときは珍しがられたり、驚かれたりしたことでしょう。

たとえば豚は、イノシシが1万年も前に家畜化された動物ですが、その後の極端な品種改良により、イノシシとは容姿が大きく変わっています。同じ家畜化といっても、ネコはネズミを捕ってくれるだけで人間に有益で、姿かたちもリビヤネコに近く、フォームも完璧なので、わざわざ容姿を変えるまでにいたらなかったのでしょう。

ネコの５０００年にわたる家畜化の歳月からすれば、ほんの、ついこの間ともいえる１００年ほど前に、選択育種、すなわち近親交配などを行って、品種を作り出すという品種ネコ愛好家が現れました。ネコを人為的に、観賞用に作り出す人たちがビクトリア時代に存在していたのです。ネコ愛好家は自分たちが作ったネコを純血種と呼び、品種名に世界中の地名を入れてつけましたがそれは愛好家の抱いたイメージ（空想）だったのです。品種ネコがファンシーキャットと呼ばれる所以《ゆえん》です。

品種改良はネコにとって必要か

ネコに起こる突然変異を近親交配などで定着させるのが品種改良です。たとえば長毛親ネコから長毛の子ネコが生まれます。ブルーネコからブルーの子ネコが生まれます。親と子との見分けがつかないほど似通ったネコが生産されています。遺伝子のばらつきが少ないほど親と子は似通い、クローンに近づきます。

品種ネコはそもそも欧米、特にイギリスで多く作られたため、洋ネコ、舶来ネコとよばれる、外国から日本にきたイメージが定着していますが、家ネコも大陸を渡って、唐からきたものです。

オーダーメードキャット

今後は珍しい色、柄のネコが欲しいという人間の要望は、遺伝子操作で満たせるようになっていくかもしれません。

健康を考えた改良が課題

品種改良には、不都合な病気などネコにとっての問題点も見えてきました。

スコティシュフォールドは軟骨形成不全という特有の遺伝病にかかり、耳が折れ曲がっていますが、程度の差こそあれ、足やしっぽの関節にも疾患が出て、重症ではジャンプのできない、歩くことすらできないハンデが生じます。ラグドールは肥大型心筋症が高率で遺伝することがわかってきました。シャムネコは飼いにくいなど人気がなくなり、繁殖されなくなりました。１９７０年の人気ネコは２０１０年ころから見られなくなっています。

ネコの品種改良も１００年がたち、その品種とそれに伴う特有の遺伝疾患が解明されてきました。

ネコが苦しんでも治せない、コントロールしにくい遺伝疾患。１００年前、人間が作り出した珍しい品種ネコが、１００年たった今、疾患モデルとなりつつあります。

ネコと人間の関係

9500年前	家ネコとして飼われる(キプロス島で発見)
5000年前	家ネコが家畜化される(エジプト)
1200年前	ネコが大陸から日本に渡る
100年前	観賞用のネコを作り出す「選択育種」が始まる
↓	
未　来	オーダーメードキャット

成長と性成熟

**ネコは性成熟を迎える6ヵ月頃から、
母親から自立し、自分のテリトリーを作ります。
飼い主は、ネコの体の変化や生活スタイル
について知っておくことが大切です。**

ネコの性別判断

生後2ヵ月未満の、子ネコの性別判断は難しい場合があります。肛門から尿道の出口までの距離だけで、雄雌の判断をしなくてはいけないからです。

精巣も、卵巣も発生学的に同じような位置、つまり左右の腎臓の下に位置します。精巣や卵巣は性腺といわれ、性腺ホルモンを分泌します。

精巣も初めは腹腔内《ふくくうない》にあり、生後2ヵ月頃まではおなかの中を移動して、陰嚢《いんのう》という袋に下りてきます。そこで、はっきりと性別が判断できます。

性成熟後に見られる行動

雄の性行動はテストステロン（性ホルモンの一種）の影響により、スプレー行動、交尾、放浪、発情期の抗争などに表れます。

スプレー行動とは、テリトリーにおしっこをかけることです。臭いも、性成熟頃からアルカリ尿になり、お酢のような目にしみる臭いに変わります。

雌ネコは、それまでに発したことのない太い声で鳴く、体をくねくねさせる、床に体をこすりつける、などの行動を始めます。

テリトリーとは

ネコはテリトリー（縄張り）を持つ動物です。自分のテリトリー内に食餌の場を確保します。また、繁殖の場としても重要です。

雄は雌よりも大きなテリトリーを持ち、自分のテリトリー内に数匹の雌のテリトリーを含みます。

テリトリーとは、ほかのネコに侵されたくない、聖域といえます。

雄がケンカをする理由

ネコは単独行動の生き物です（ネコ科のトラやヒョウも同じだが、ライオンは集団生活）。自分のテリトリーにほかのネコが侵入することを嫌います。よく見られる雄ネコ同士のケンカは、テリトリー争いが原因です。

雄は性成熟すると、自分のテリトリーにスプレーをしてまわります。大きなテリトリーは多くの食餌の場を確保し、多くの雌との繁殖を可能にします。テリトリーは平等に区分されておらず、交差が起こります。このような状況で、ケンカが起こるのです。

ネコのテリトリー

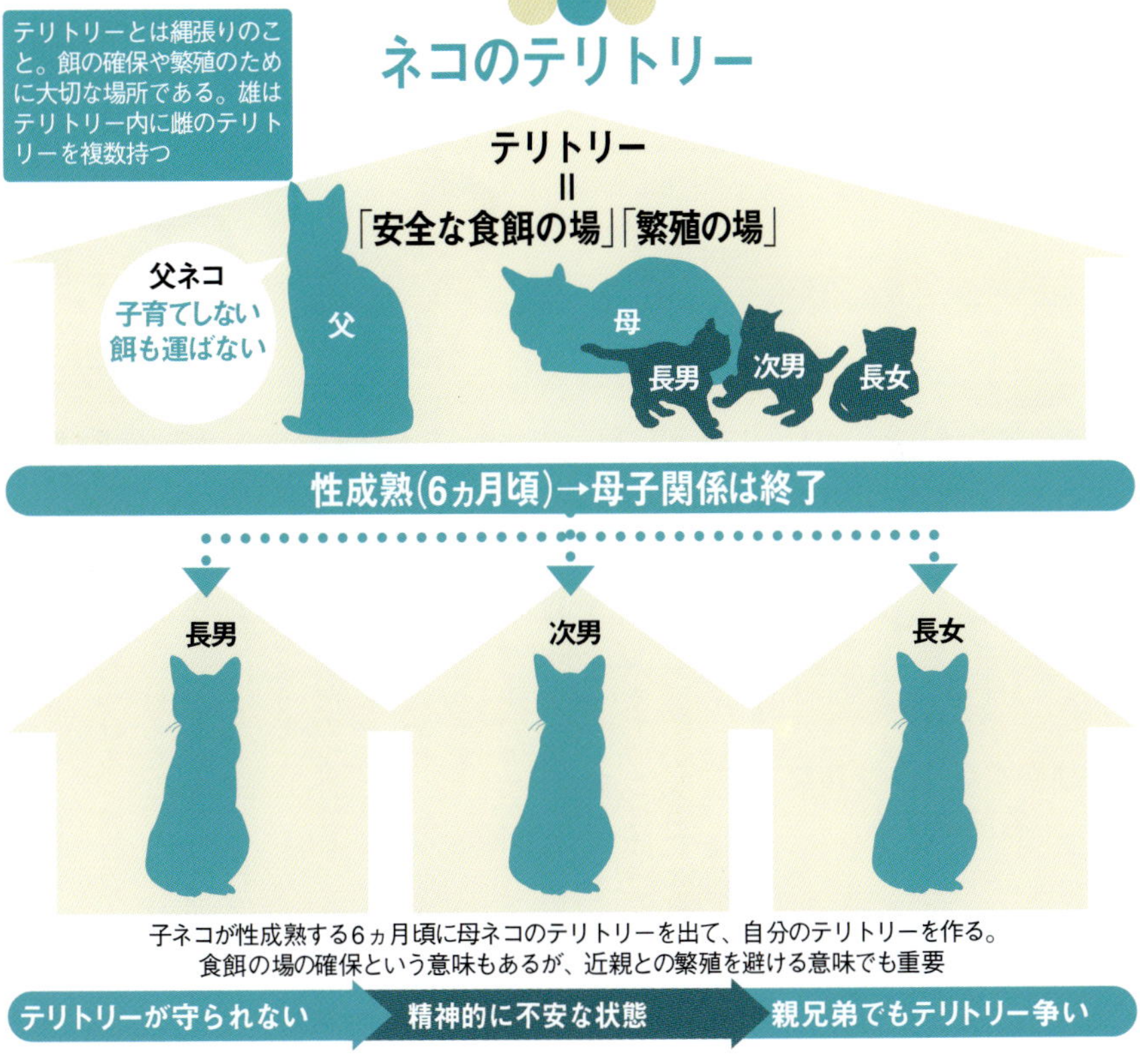
テリトリーとは縄張りのこと。餌の確保や繁殖のために大切な場所である。雄はテリトリー内に雌のテリトリーを複数持つ
テリトリー
=
「安全な食餌の場」「繁殖の場」
父ネコ
子育てしない
餌も運ばない
父
母
長男
次男
長女
性成熟（6ヵ月頃）→母子関係は終了
長男
次男
長女
子ネコが性成熟する6ヵ月頃に母ネコのテリトリーを出て、自分のテリトリーを作る。
食餌の場の確保という意味もあるが、近親との繁殖を避ける意味でも重要
テリトリーが守られない
精神的に不安な状態
親兄弟でもテリトリー争い

ネコを飼うと決めたら 3

名前をつけよう

人間の子供に名前をつけるように、これから生活をともにする
ネコの名前をつけることはとても大切。
愛情をそそげる呼びやすい名前をつけてあげましょう。

コリン（7ヵ月・♀）

バジル（6ヵ月・♂）

エド（1才・♀）

慎之助（3週・♂）

こばん（4才・♀）

ハナビ（1才6ヵ月・♀）

ホリー（7ヵ月・♀）

モモ（7ヵ月・♀）

名前はシンプルに

毛色からつける、流行のアニメの主人公からつけるなど、名づけにはいろいろな方法があります。人間の名前と同じように字画を調べて名づけるケースもあるようです。

凝った名前の場合でも、ミケランジェロをミーちゃんと呼ぶように、日頃呼びづらいために、結局縮めて呼ぶことも多いようです。

名前はシンプルで呼びやすいことがいちばんです。ネコは自分の名前を認識できるようで、呼ばれると返事をするネコもいます。これは声の響きで認識していると考えられています。

名づけの POINT

- 呼びやすく、シンプルな名前にする
- 多頭飼いの場合は混乱しない名前にする

首輪と迷子札

首輪を嫌がる場合もありますが、外出したネコが保護されたときは、連絡先がわかる迷子札などは有効

バレル

フタをはずすと筒状になっており、中に連絡先などのメモを入れることができるタイプ。雨などにぬれて文字が消える心配がない

首輪

人の指が1、2本入るぐらいの余裕を。引っかかったときに、自然に抜けるよう弾力性のあるものなら、事故を回避できる

名札

名札に連絡先を書いておけば、保護されたときに連絡してもらえる。鈴がついていると、音で居場所がわかるので捜すのに便利

記入しておくこと

- 飼い主の名前
- 連絡先
- 病気の有無
- 普段の食生活

迷いネコの捜し方

ネコはすぐに遠くへ行かないので、まずは周辺を捜します。外へ出たものの環境の変化に身を固くしているので、飼い主の声かけに反応しない場合も。身を隠せるような場所を念入りに、やさしく声をかけながら捜しましょう。

逃げ出した当日に見つけ出すことがポイント。日が経つと遠くへ移動する危険性が出ます。

マイクロチップの有効性

首輪をしていても、元気に歩いていれば迷いネコとはわかってもらえません。どこかの家のネコが散歩しているとしか認識されないこともあります。

しかし、病気やケガをして保護された場合、首輪はとても有効。

マイクロチップは、読みとり機で個体認識番号を識別できます。これは皮下への埋め込み式で、検疫でも使われています。飼いネコも登録制となれば自治体でのマイクロチップ導入が普及し、とくに地震などの災害時に大きな威力を発揮するでしょう。

ネコを飼うと決めたら 4

快適に暮らすための準備

ネコを飼い始める前に、トイレや食器など毎日の生活に必要なものをそろえておきましょう。ファッション性だけでなく、機能性をしっかりと考慮して選びましょう。

前もってそろえるアイテム

食器

飼うネコの頭数分を用意。水とフードで食器を分けること。安定感があり清潔に保てる素材を選ぶ。水用はガラス製がおすすめ

水用

フード用

トイレ

トイレ容器

スコップ

ネコの頭数プラス1個を用意。プラスチック容器なら丸洗いでき、常に清潔さを保つことができるのでおすすめ。スコップは固まった砂や便をとるときに役立つのでひとつあるとよい

ベッド

皮膚にやさしい綿製のものがおすすめ。丸洗いできるタイプの素材なら、清潔に保てる。病院に連れていくときなど、バッグの中にそのまま入れられるよう、変形できるものがよい

バッグ

中にネコを入れるとかなりの重量になることを考慮して選ぶこと。底がしっかりしていて安定感のあるものがよい。メッシュ部分があると閉塞感を与えない

ゆっくりそろえていきたいアイテム

ブラシ

短毛ネコはノミとりグシを。長毛ネコならノミとりグシとスリッカーブラシを用意。ブラシの先がとがっているものは皮膚を傷つけてしまうので、先がまるまっているものを選んで

おもちゃ

おもちゃは子ネコの学習や運動に大切なアイテム。鳥の羽、ひも、ボールなど、本能であるハンター能力を活かせるものを選んであげること。形がリアルなネズミや鳥のおもちゃも豊富

ツメ研ぎ

麻やダンボールなど天然素材のものがおすすめ。塗料や、接着剤を使っているものはツメ研ぎをしているうちにツメにつき、なめて体に入ってしまう危険性があるので避ける

ネコの健康を守るケア

手入れのしかた

手入れをすることで、ネコの清潔を保ちましょう。
毎日のことなので、嫌がらせないようにしてあげることが大切です。

短毛ネコのブラッシング

毛のからまりを防ぎ、皮膚を清潔に保つことが目的です。皮膚を観察することで何らか異常を早く発見できます。ブラシを毎日の習慣にし、痛みや恐れは与えないように。

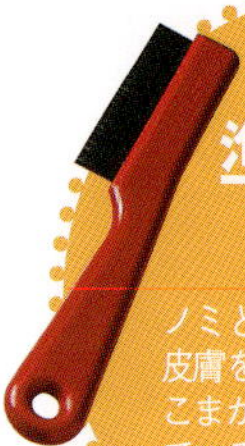

準備する ITEM

ノミとりグシだけを使用。皮膚を傷めないよう、目がこまかく、先がまるくなっているものを選んで

STEP 1

毛の流れにそい、背中からお尻にかけてブラシをかける。皮膚に強く当てないように。名前を呼びながら行うと安心する

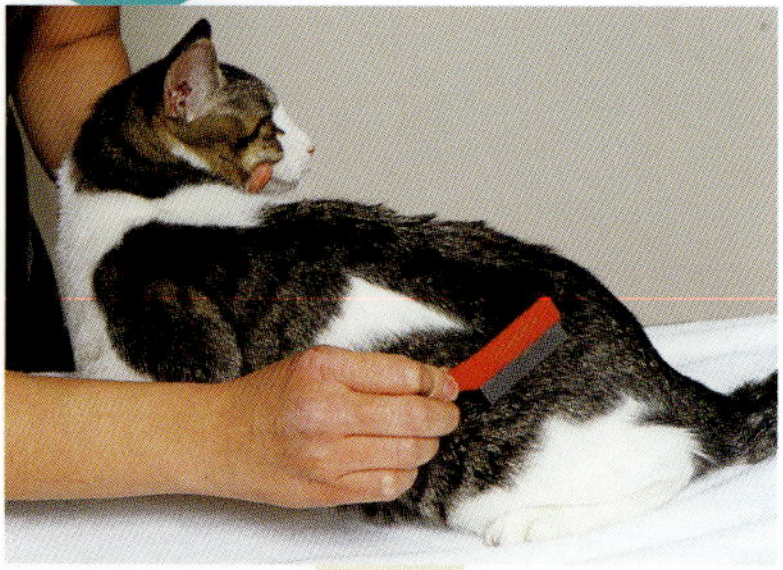

STEP 2

口を軽く押さえて顔を上げ、首周りもブラッシング。ここはネコの舌が届きにくいので、グルーミングも不充分な部位

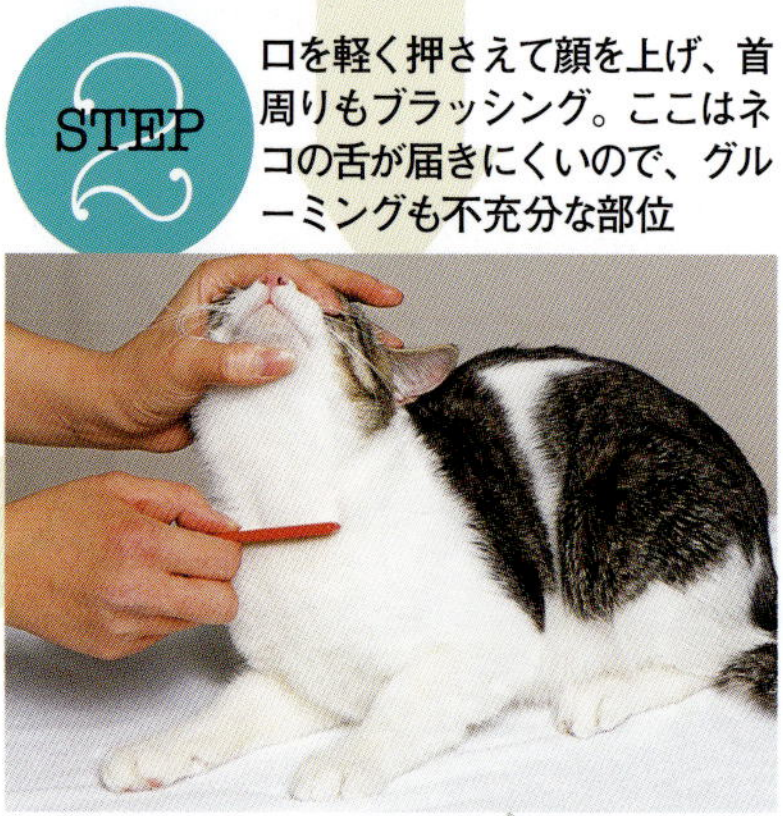

STEP 3

脇腹や四肢のつけ根も忘れずにブラッシングすること。仕上げに、毛の流れにそってもう一度ブラシをかけ、抜け毛をとる

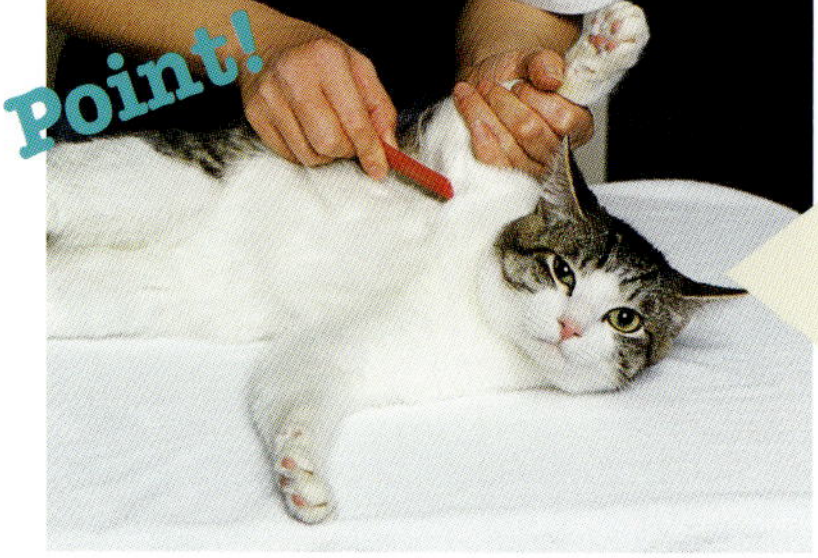

長毛ネコのブラッシング

頭からしっぽまで、全身にクシを毎日入れれば毛玉はできません。短毛ネコとブラシのかけ方は基本的に同じですが、毎日欠かさず1、2回のブラッシングが必要です。

準備する ITEM

スリッカーブラシは逆毛を立てるときに使う。ノミとりグシと同様、先がまるまっているものを用意する

毛玉ができてしまったら

ブラシが通らないほどの毛玉は皮膚が引っ張られて痛む。クシでとこうとせず、ハサミやバリカンでカットする

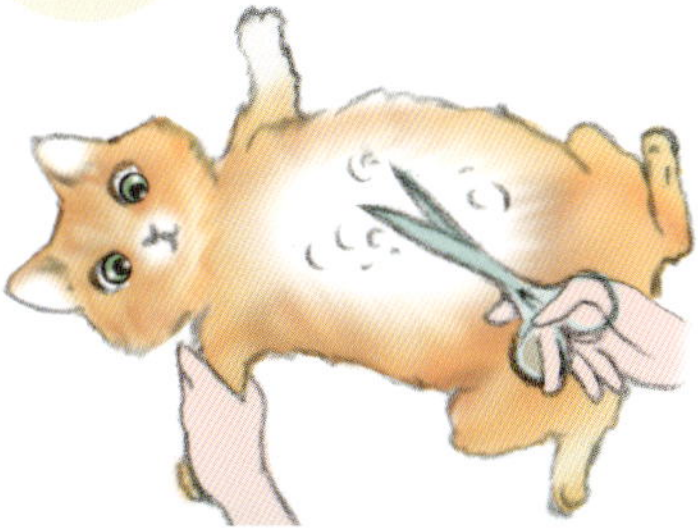

STEP 1

スリッカーブラシで、しっぽのつけ根から首まで逆毛を立てるようにブラッシングし、からみついた毛をとり除く。直接皮膚に当てないこと

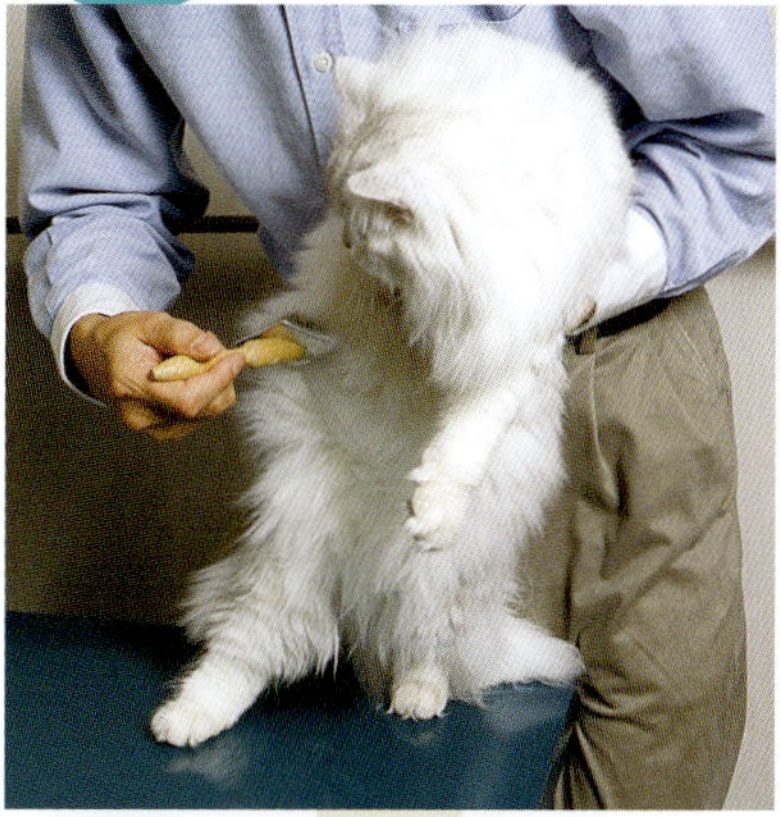

STEP 2

首の周り、四肢のつけ根、脇腹、お尻など、毛のこすれやすいところは毛玉ができやすい部位。痛がらないよう、やさしくスリッカーをかける

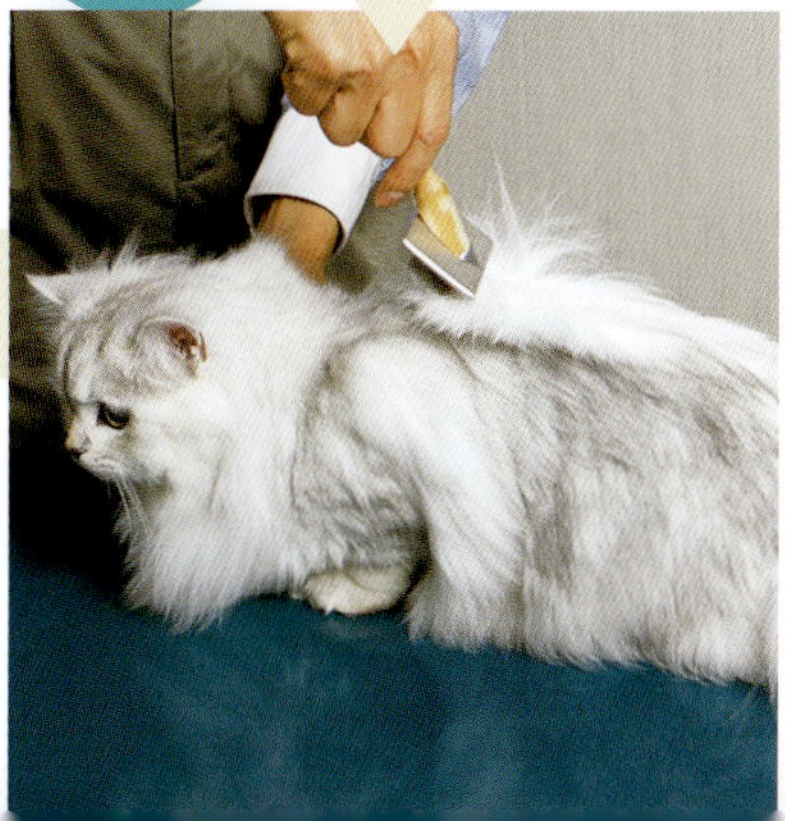

Check!

足の裏や、パットの間から毛が生える場合がある。すべりやすくなるので、歩行を妨げてしまう。先のとがっていないハサミやネコ用のバリカンなどでカットしてあげよう

歯をみがく

歯のトラブルは、歯と歯肉の間に“細菌の固まり”の歯石ができることで生じます。
家庭でのケアは限界があるため、定期的に病院でデンタルケアを受けましょう。

準備する ITEM

ガーゼまたは脱脂綿でケア

家庭でできる Dental Check!

1. 口から嫌な臭いがしないか
2. 唇を耳側へ引っ張り、奥歯と歯肉の間に黄色いものがついてないか確認
3. 歯ぐきが薄いピンク色であれば健康。赤いただれや出血は問題あり

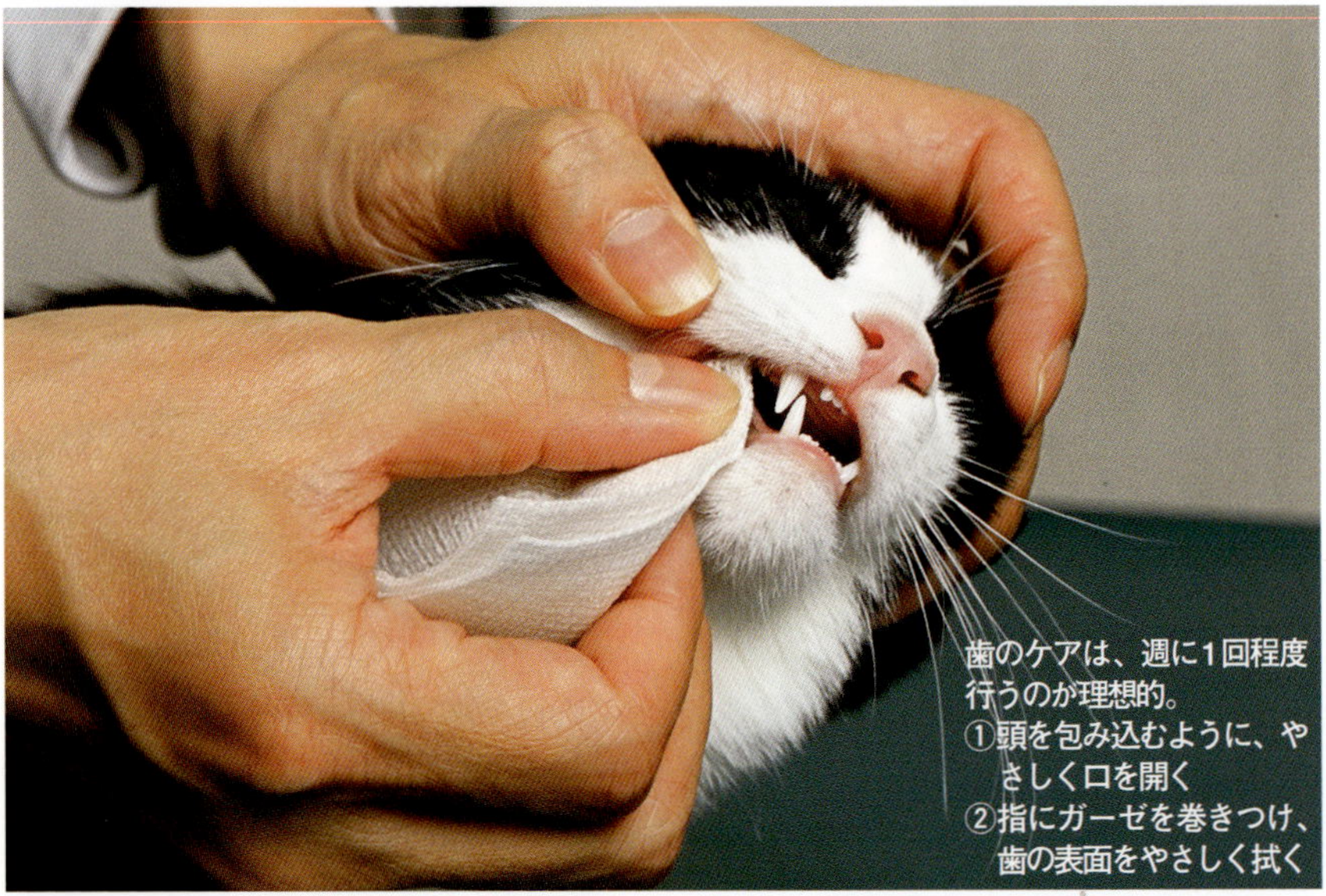

歯のケアは、週に1回程度行うのが理想的。
①頭を包み込むように、やさしく口を開く
②指にガーゼを巻きつけ、歯の表面をやさしく拭く

ツメの手入れ

ネコは自分でツメをはがすことができるので、人間が切る必要はありません。ほとんどのネコはツメを切られることを極端に嫌うため、しばしばツメ切りにより関係が悪化してしまいます。

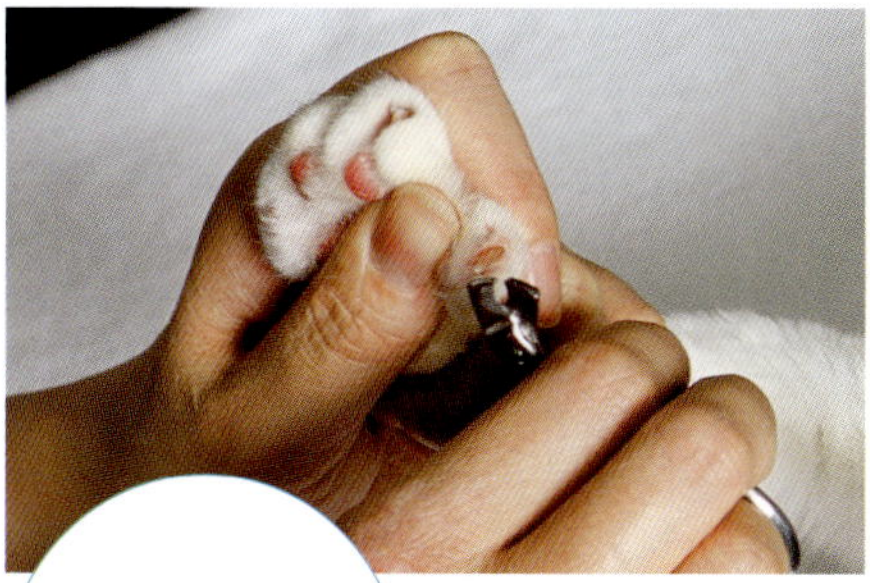

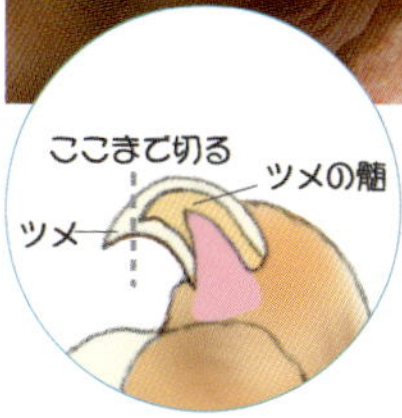

①指先を軽く押さえるとツメが出てくる
②先端の鋭くなった白い部分を切る。神経や血管を切らないように注意

ツメ切りを行うときは慎重に。よく切れるネコ用のツメ切りを使う。子ネコの場合は、人間用のツメ切りで、ツメ先をつまむ程度で充分

準備する ITEM

耳の汚れをとる

ネコは耳道が細く、綿棒は耳の穴を傷つけるので使わないこと。耳の中の分泌物は自然に外に排泄されるので、綿棒は逆に押し込めることに。

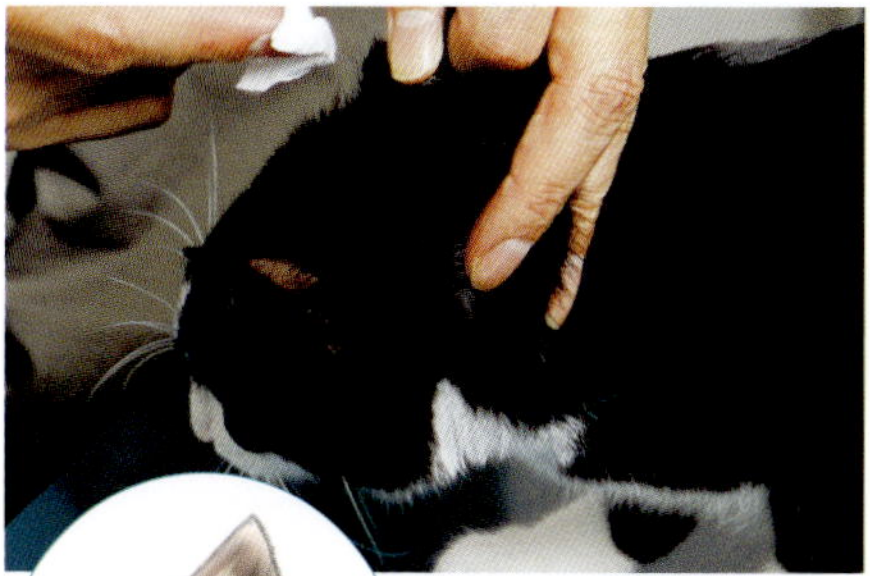

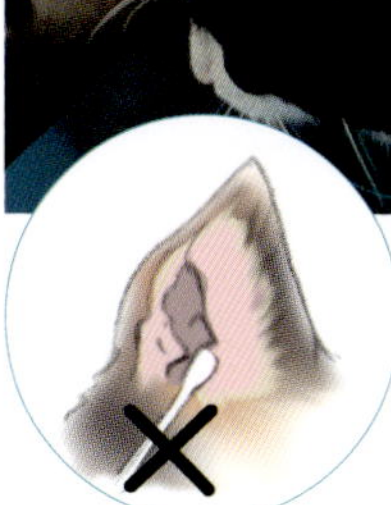

汚れがひどい場合は、外耳炎の可能性があるので獣医師に相談。
①耳殻の部分を脱脂綿でそっと拭きとる

準備する ITEM

動物病院で処方しているイヤークリーナーと脱脂綿を使用する

シャンプー

定期的なシャンプーは、皮膚病の予防になります。
ネコは体をなめるため、シャンプー剤が毛に残っていると中毒の原因に。
「洗う」が3割、「流す」が7割の割合できれいに洗い流すことが大切です。

準備する ITEM

シャンプー、おけ、ペーパータオルを用意。病院処方のシャンプーは、皮膚への刺激が少ないのでおすすめ

STEP 1

ブラッシングを済ませ、ぬるま湯を用意し、そっとネコの体にかける。嫌がらないように、首から下にお湯をかける

STEP 2

恐がらず①ができたら、かける湯量を多くし体全体をぬらす。トータルで何分ぐらいシャンプーできそうか、知っておくこと

Point!

STEP 3

シャンプー剤を手で泡立ててから、体をマッサージするように洗う。嫌がるネコには、シャンプー剤を薄めて使う

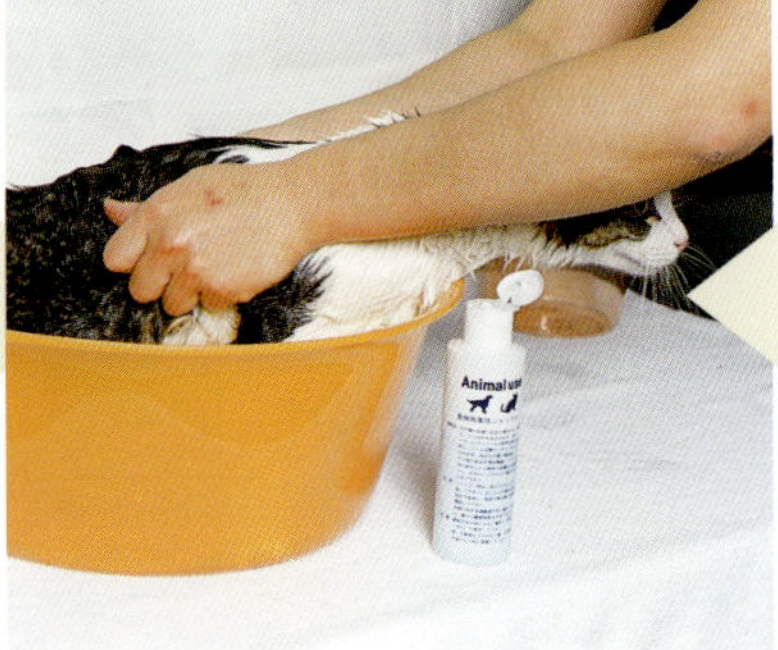

STEP 4

目や耳にシャンプーが入らないよう充分に注意。首の周りの毛は、食事の際に汚れやすいので忘れずに洗うこと

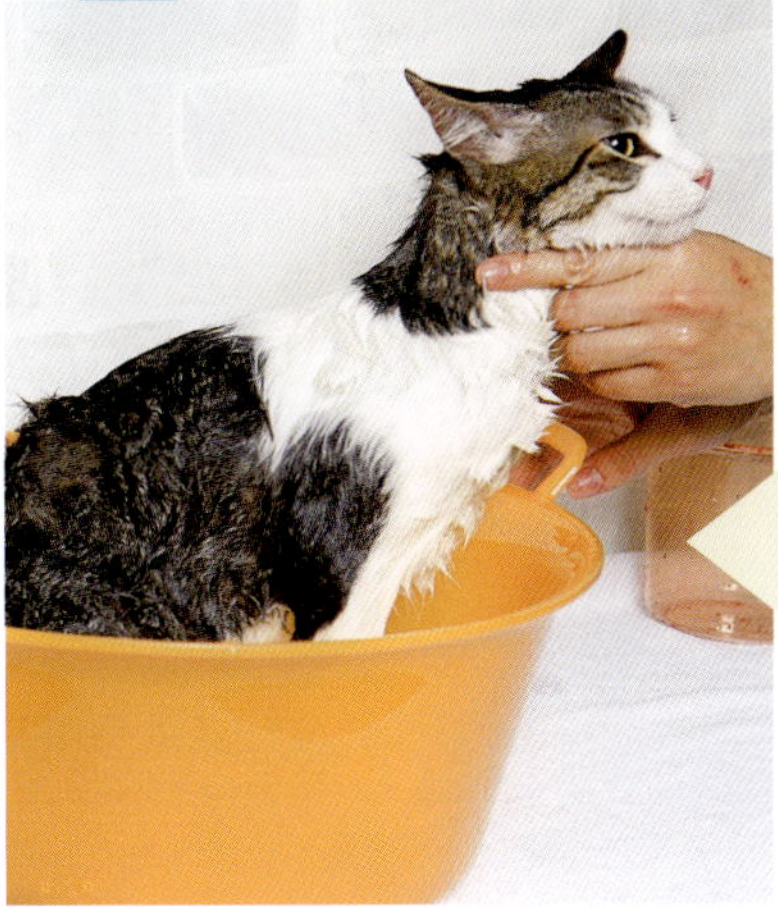

STEP 5

汚れやすいお尻や脂っぽいしっぽのつけ根は入念に洗う。お湯をかけ、体にシャンプー剤が残らないように

STEP 6

きれいに洗い流したら、手で全身をしぼり、水分をしっかりとる。乾かす作業は、洗う以上に大変

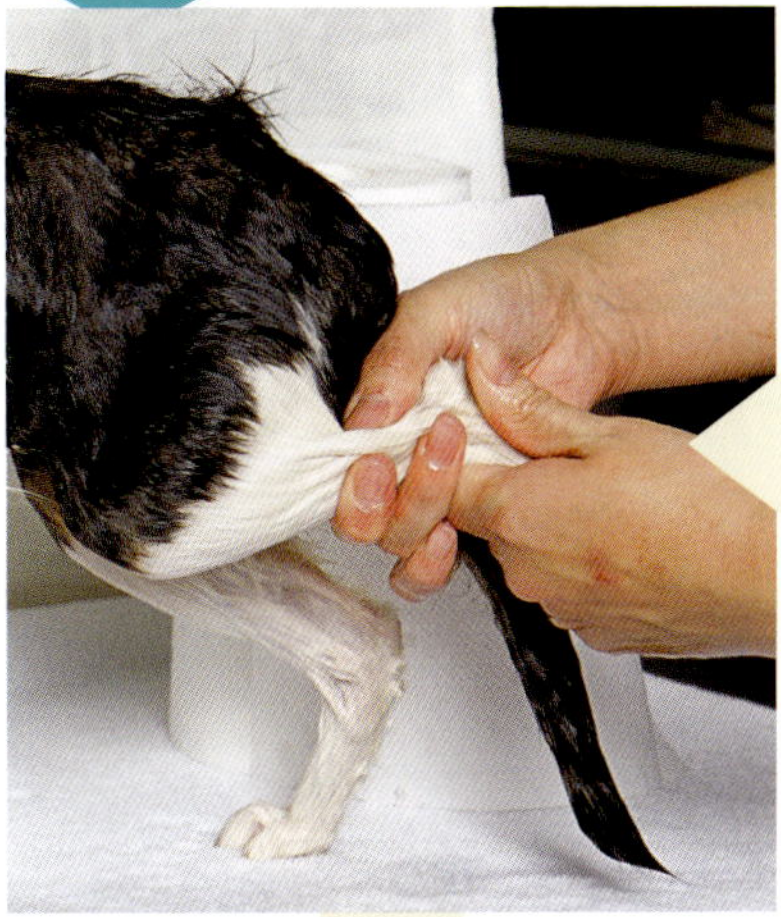

STEP 7

ドライヤーやタオルを嫌がるネコには、ペーパータオルがおすすめ。擦らずに、押さえるだけで水分がとれる

ネコとの遊び方

**ネコの本能を刺激する楽しい遊びは、
飼い主とのコミュニケーションであったり、
筋肉を発達させたり、
運動不足の解消にも大切です。**

本能を刺激して遊ぶ

飼い主にとっていちばんの楽しみともいえるのが、ネコとの遊びではないでしょうか。

6ヵ月未満のネコはひも、ボール、おもちゃなど、何にでも興味を持ってじゃれついてきます。追いかける、捕まえる、ジャンプするといった本能を刺激する遊びで筋力の発達を促し、ツメの使い方、かむことなど、ネコとしてのアイデンティティーを確立していきます。

また、刺激が少なく、狩りをする機会のない室内飼いのネコにとっては、運動不足やストレスを解消するためにも遊びはとても大切なのです。

飛びつく

動くものを見ると、狩りの本能に火がつく。鼻先までおもちゃを近づけ、さっと引き離すとおもいっきりジャンプして飛びつき、ツメを出して捕まえようとする

おすすめ ITEM

針金の先にダンボールやおもちゃなどがついたものは、針金が不規則に動くので、ネコを飽きさせない

はたき落とす

ネコの背が届くギリギリの距離までおもちゃを近づけ、揺らしてみよう。前肢で、はたき落とすようなしぐさをする。外で遊ぶネコは、実際に生きた小鳥に同じようなしぐさをする

おすすめ
ITEM

鳥の羽や、細長く切ったセロハンの束を棒につけたネコじゃらしは、興奮するアイテム

狩猟行動を満たす遊び方

○虫を捕まえる
○小鳥を捕まえる

　蝶々が飛んでいたらネコはどうするでしょう。ネコはふわふわと動く蝶々の動きから目をそらしません。どうにかして捕まえようとします。両手でパチッと挟んで捕まえようとします。

　おもちゃなどは、このようにネコの本能を引き出すような動きのあるものを見つけてあげましょう。

準備

追いかける

ドアの陰に隠れてボールを投げたり、ひものついたネズミのおもちゃを、ネコが近づいてきたら逃げるように引っ張ると、夢中で追いかける。鈴などの音がするとより興奮

おすすめ
ITEM

ネズミの形をしたおもちゃ、小さなボールは喜んで追いかける。ピンポン玉もじゃれて遊ぶのに最適

ネコとのスキンシップ

ネコはコミュニケーションをとりたいとき、
自分から近づいてきます。そんなときは、
抱っこしたり、やさしく話しかけてあげましょう。

安心する抱き方

STEP 1
ほとんどのネコは、信頼関係のある人にしか抱っこされない。後ろから、前肢の脇を両手で抱え、持ち上げる。強く肢をつかむと嫌がるので気をつけて

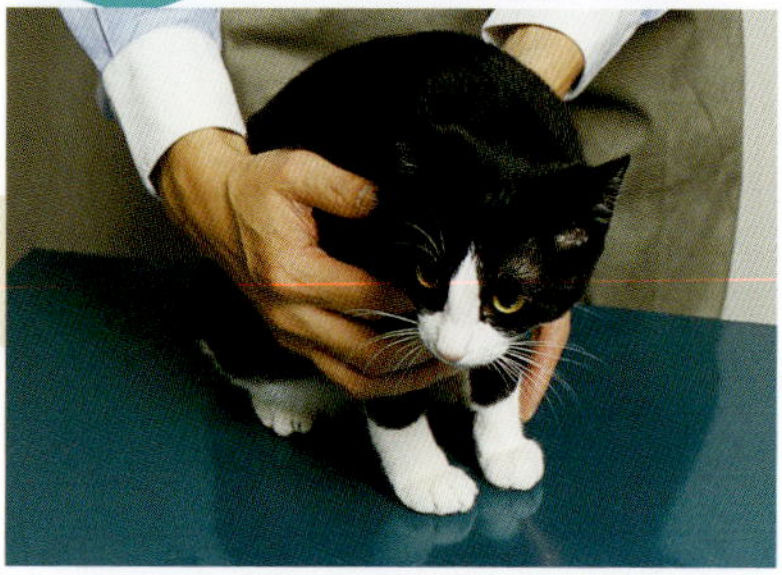

STEP 2
片方の腕をお尻に回し、後ろ足を軽く押さえる。もう片方の手で体を包み、やさしくなでると安心する。嫌がるなら、無理に抱かないこと

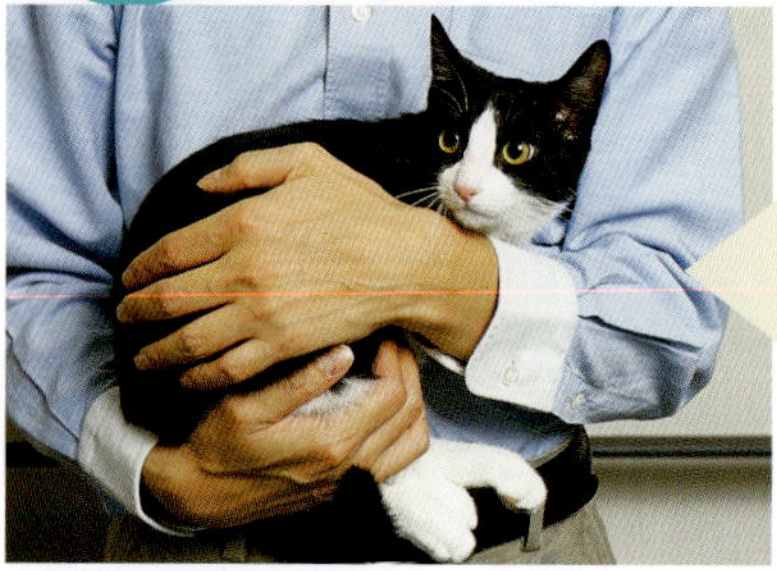

〝ネコが望むとき〟が基本

飼い主がネコとスキンシップをとる場合、なでてあげたり、抱っこをしたり、話しかけたりと、さまざまなとり方があります。これらはネコとの生活の中で、自然に出てくる行為です。

ネコが座っている飼い主のひざにのってきたら、抱っこをしてあげます。肩にのることを好むネコには、肩車をしてあげましょう。

ネコが甘えたい気持ちになって顔をスリスリ、体をスリスリしてきたときに頭やあごの下をなでてあげると、うっとりしたような顔になります。

ブラッシング好きなネコなら、飼い主がコームを持つと喜んで仰向けになることもあります。

ところが、いくら抱っこをしたくても、ネコが抱っこをされたくないときは、するりと逃げていってしまいます。また、ブラッシングをしてあげたくても、ネコが嫌なときは逃げ出したり、怒り出すこともあります。

ネコとのスキンシップは、ネコがしてほしいときに行うのが原則です。

ネコのミニ知識 Q&A

Q1 三毛ネコの雄はなぜ珍しいのですか

A

三毛になるためには雄雌を決める遺伝子の染色体Xが2つあることが条件になります。雄はXY、雌はXXと表現されます。ですから三毛ネコは雌にしか発現しません。

しかし、まれに遺伝子の異常からXXYが発生することがあります。この場合は雄ですが、Xが2つあるために三毛が生まれることもあります。非常に珍しいケースですが、遺伝子の組み合わせで起こることなのです。

Q2 日本にも多指のネコはいるのですか

A

「多指」は、遺伝に関するものと考えられています。アメリカの東海岸のネコは、人の移住とともにやってきました。その中に多指がいたため、子孫である東海岸のネコにはめずらしい多指がしばしば見られるようになりました。

いまでは、多指はアメリカネコの象徴となっています。日本ではこの遺伝はほとんど見られません。

COLUMN

ネコに雑種はいない？

多くの人がネコに雑種があると思っていますが、それは間違いです。ネコは、ネコ科ネコ属の家ネコ。どのネコにもいろいろな色を発現する遺伝子が組み込まれています。人間も肌の色に違いはあっても雑種がいないのと同じことです。

家ネコの中でも人間の手により選択育種されたネコを「ブリードキャット」と呼び、固有の名前をつけ商品として売買されています。これらは家ネコの中から目的の色に合わせて選び、繁殖したネコ。ある意味で血縁の濃い親戚同士といえます。

生物学的に雑種とは、種を超えて繁殖された生物のことです。雄のロバと雌の馬の子である雑種のラバは、ラバ同士では繁殖できない、一代かぎりの動物なのです。

1
ぼくは日本人の山田一郎です
ぼくは黒ネコのクロです
2
私はノルウェイ人のビーゲランと言います
私は毛の長いネコのトーベです
3
私はナイジェリア人のアビイです
ぼくはしまのあるネコブーブーです
4
私達は人間です
私達はネコです

第2章

ネコの「食」

ネコ本来の食べ物はネズミ

キャットフード以外のものを
食べている姿を見たことがない……、
という人も多いのではないでしょうか。
本来、ネコは何を食べる
動物なのでしょう。

野生のネコの食べ物は

人間と生活するネコのほとんどは、キャットフードを食べますが、本来、何を食べる生き物でしょうか。

ネコが食べてきたものはネズミです。ネズミの種類は豊富ですが、ネコがハントしてきたのは「家ネズミ」といわれるハツカネズミ、クマネズミ、ドブネズミなどです。地域によっては小さなウサギなどの哺乳類や小鳥なども食べます。

ネズミは栄養満点フード

本来ならネコは捕食動物の肉と内臓のすべてを食べます。筋肉からは動物性のタンパク質を、内臓からは様々な重要な栄養素を取り込みます。特に肝臓は栄養の宝庫で、重要なエネルギー源となっています。骨や毛も食べてしまいますが、これらはほとんど消化できないため便の中にそのまま排泄されます。ネコにとってネズミは丸ごとで栄養のフルコースといえるでしょう。

ネズミはネコにとって栄養バランスのとれた食べ物。1日に10匹ほど食べる

ネコに必要な栄養素

肉食動物であるという認識にもとづいて考えると、ネコに必要な栄養素は、水、タンパク質、脂肪、炭水化物、ビタミン、ミネラルの大きく分けて6つに分類されます。

タンパク質

ネコにとって最も重要な栄養素。食事中のタンパク質は最低でも、26～30%は必要。アミノ酸であるタウリンはネコの体の中では合成できないため必須。タウリンは肉に含まれているため動物性のタンパク質をとらないとネコにはさまざまな障害が生じる

水

大切な栄養素。たとえばドライフードは10%の水分を含み、ウェットフード(缶フード)では75%から85%の水分を含む。学術的には、ネコの正常な水分摂取量は1日に、体重1kgあたり約60mlといわれているが、実際はこれほど量を飲まないネコも多い。日頃どれくらい水を飲むのか、計量しておくとよい

炭水化物

肉食動物は炭水化物をエネルギー源として利用することはできるが、私たち人間のように必ずしも必要であるとは言い切れない。むしろ過剰に摂取することで、脂肪として蓄えられ、肥満の原因となる。キャットフードでは動物性のタンパク質に比べて安価なエネルギー源として利用できるためよく使われる傾向にある

脂肪

体を活動させるエネルギー源となる。また、脂溶性ビタミンA、D、E、Kを吸収するためにも必要。リノール酸、アラキドン酸は必須脂肪酸。これらの欠乏は以下のことを招く。①傷が治りにくい、②抵抗力を弱める、③皮膚、皮毛の乾燥、④皮膚の炎症、⑤長期に続くと痩身

ビタミン

体のさまざまな生理機能に欠かすことができない栄養素。

ビタミンA

犬はベータカロチンをAに転換できるので、フードにベータカロチンが含まれていればAを得られる。しかし、ネコはベータカロチンを転換できないので、動物性組織にのみ存在するAが、キャットフードに含まれなければいけない

ナイアシン

アミノ酸であるトリプトファンからナイアシンを合成できないため、キャットフードなどから摂取しなければいけない

ビタミンC

人間はCを体内で合成できないが、ネコはグルコースからCを合成できる。食餌中に充分なグルコースが含まれていれば、摂取する必要はない

ビタミンK

健康であれば、腸内で細菌によってKは生産されるので、摂取する必要はない

ミネラル

骨や歯の構成、体液平衡の維持、代謝反応などに必要な無機化合物。バランスよく必要量を与えることが重要となる。過剰に与えると尿中への排泄量が増加。吸収されない過剰なミネラルは、ほかのミネラルと結合して吸収を妨げる。結果、ミネラル不足やバランスを欠く

プレミアムキャットフードとは？

プレミアムキャットフードとは、生涯にわたって食べても、健康上の問題が生じないと証明されたキャットフードです。

キャットフードの定義

ネコも人間と同様、栄養に過不足があれば肥満や栄養失調になり、健康を害します。スーパーで手に入るものすべてが、満足のいくものとはかぎりません。飼い主が品質を見極めるのはとても難しいことです。

ネコがよく食べるという理由だけでフードを選ぶと、健康上の問題がしばしば発生します。フードは、あくまでもネズミの代用品なのです。

プレミアムフードの定義は、ネコが一生食べても健康上問題が起きないことを保証されたものといえます。

選ぶ基準は

生涯にわたって食べさせて、健康上の問題が生じないことを証明するには多くの時間と手間が必要です。キャットフードメーカーによっては、長期試験により品質を維持しているところがあります。

アメリカではＡＡＦＣＯという機関が、家畜飼料の品質を監視。キャットフードも、ある一定以上の基準をパスしたものだけを認定しています。このような商品を選ぶことがひとつの判断基準になります。

サプリメントは必要？

ビタミンやミネラルなど、人間なみにサプリメントが普及している。しかし、プレミアムキャットフードを与えていれば、栄養バランスは充分なので、サプリメントは必要ない。むしろ、害になる

キャットフードの選び方

キャットフードには、ドライ、ウェット、ソフトモイストの3タイプがある。おもな違いは、含まれる水分量の違い。それぞれの性質を理解して、バランスのとれたフードを選ぶこと

ドライタイプ

水分含有量が10％以下。室温で放置しても腐敗しない。置きっぱなしにできるため、いつでも食べられる自由採食に適している

ウェットタイプ

水分含有量は75～80％。水分が多く嗜好性は高いが、放置しておくと腐敗する。ネコが催促するたびに用意しなくてはいけない

ソフトモイストタイプ

ドライとウェットの中間の性質。やわらかく保つためにプロピレングリコールが使われている製品も。ネコの貧血を招くので注意

プレミアムフードの条件

1. 動物性タンパク質を充分に含む
2. ほかに水だけを与えればよい栄養バランスのとれたフード
3. AAFCOなどの機関により、品質が保証されている

ネコの食生活

1日に3回食事をする人間と違って、ネコは少量のキャットフードを1日に何回も食べます。ネコの食餌スタイルを理解して、準備をしてあげましょう。

捕食行動に準じた食生活

ネコは一日中、朝でも夜でも食餌します。それもほんの少量ずつ何度も食べます。これは自然界におけるネコの食生活（捕食行動）に起因します。

ネコは1日にネズミを10匹ほど食べるといわれています。ネコの胃はほかの動物ほど大きくなく、ネズミ1匹を食べるといっぱいになる大きさです。胃が空になると新たにネズミを捕って食べます。

ハツカネズミを24時間のうちに10匹食べるとすると、ほぼ2時間おきに食べ、4時間休むという計算になります。ネコの意思にまかせて自由にすると、この捕食行動に準じて食べます。

ネコの食事法

かつてのネコの食生活は、現在のネコたちに受け継がれています。

キャットフードを置いておけば、気が向いたときに数粒食べてはやめ、また食べるということを繰り返します。人間は1日3回食事をしますが、ネコは全く違うことを認識しましょう。

ドライフードの与え方

食器に入れておけば、気が向いたときに、ボリボリと少しずつ食べてはやめるを繰り返す

ウェットフードの与え方

腐敗が進むので、タイミングをみて、10分以内に食べきる量を食器に出す。ドライより手間がかかる

成長に合わせた食餌の与え方

0～6ヵ月

1日15ｇ～20ｇずつ体重が増加。成長のスピードが速く、急激に大きくなる。よく食べ、活発に運動し、よく眠る

食餌の与え方

- 生まれてから4週目頃までは、母ネコの母乳またはミルクを飲ませる
- 6週目を過ぎたら、食べ物を認識する時期。子ネコ用のプレミアムフードや良質なネコ用ミルクを与える
- 24時間いつでも好きなときに食べられるよう、キャットフードを置いておく

6ヵ月～1才

1年でグングン大きくなる。6ヵ月を過ぎると、成長のスピードはゆっくりになるが、1才までは成長が続く

食餌の与え方

- 子ネコが必要とするエネルギーと栄養素は、体重1kgに対して、成ネコの2倍
- 1才までの栄養不足や下痢は、その後の成長にとって不利益
- この時期に、子ネコ用のプレミアムフード以外のものを食べると肥満体質に。発育期の肥満は脂肪細胞の数を増やす

1才～

ネコは1年で成長がほぼ終わる。体重の増減は健康の目安となるので、1ヵ月に1度は体重を量ること

食餌の与え方

- 子ネコ用から成ネコ用のフードに切り替える
- ネコは自分の体に必要な分量だけを食べる動物なので、欲しがるだけプレミアムフードを与える
- 1才のときの体重から15％増程度であれば肥満の心配はないが、数ヵ月足らずで増えるのは問題あり。逆に減少も獣医師の診断が必要

ネコと人の食べ方の違い

人間は肉も野菜も食べますが、ネコは本来、ネズミなどを捕まえて食べる肉食動物です。食べる物の種類が違えば、当然、歯の構造や役割、食べ方にも違いがあります。

人間とネコの歯型の違い

成ネコの歯は永久歯が全部で30本あります。ナイフの刃のような形をした奥歯と、ネコなのに犬歯《けんし》と呼ばれる牙があります。

人間が奥歯と呼ぶ大きな平たい歯は、ネコではナイフの刃のような形をしています。ネコの歯と人間の歯の形の違いはどこからくるのでしょう。

食べ物によって決まる歯型

人間は、いろいろな種類の食べ物を食べることができる雑食動物です。肉類も、植物も食べるため、食べ物を引きちぎったり、かみ砕いたりできるように歯は作られています。

一方、ネコの主食はネズミなどの小動物。歯はネズミなどを捕まえて食べるために形作られているのです。

ネコの犬歯は、ネズミを捕まえるために欠かせない道具です。上下4本の犬歯は、捕まえたネズミが逃げないように、その体を固定します。そして、ナイフのような奥歯でネズミを飲み込めるぐらいの大きさに切り裂きます。

このように人間とネコの歯の形の違いは、食べ物の違いからくるのです。

ネコの食べ方をCheck!

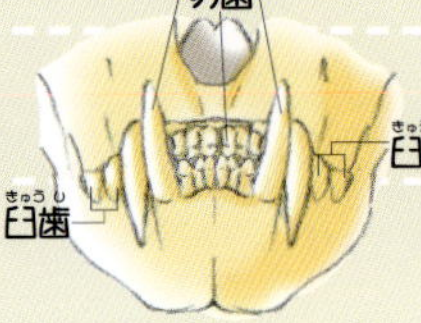

歯の形

4本の犬歯、肉をかみ砕く前臼歯《ぜんきゅうし》など、獲物を捕らえるのに適している

食べ方

顔を横に向け、奥歯で適当な大きさにかみちぎり、まる飲みする

あまり水を飲まない

ネコの祖先は砂漠で暮らしていました。乾燥した砂漠で生きるネコにとって、得られる水の量はかぎられているので、体の中の水分を損失しないようにする必要がありました。

砂漠のネコたちが、生き餌の生肉でほとんどの水分をまかなっていたと考えれば、ネズミの生肉に含まれる水分量をその重量の約70％と仮定すると、1匹10gのネズミなら7ccの水分を得られます。これが1日10匹ならば70ccの水分量になる計算です。

驚異的な尿の濃縮力

少ない水分量で生きていくために、ネコの腎臓は尿を濃縮する強力な機能を持っています。体の水分の損失を抑えるために、おしっこの量を濃く少なくすることは、砂漠のような苛酷な環境で生きるためには有効な手段だったのです。

そのため、現在の私たちと暮らすネコも、少ない水分摂取量で生きていける能力が備わっているのです。

ネコが水を飲む様子を観察すると、水面に差し込んだ舌を素早く上げて、水柱を作り、その水柱をパクッとくわえます。これを繰り返すのですが、水を飲むのも、犬のように簡単ではないようです。

水道の蛇口から垂れた水を好んで飲みたがるネコもいますが、蛇口からポタポタと垂れる水のほうが飲みやすいのかもしれません。

水の飲ませ方には工夫が必要です。器はネコの好みに合わせて選んであげましょう。

尿の比重は1.035以上

ネコは、強力な尿の濃縮機能を持つ

水を飲ませる工夫を!

ガラス製の器なら、水面の波紋がネコの興味を引く

ネコの嗜好品

食餌以外にも、ネコが好んでかんだり、匂いをかいだりするものがあります。これらは、人にとってのコーヒーやタバコなどの嗜好品と同じような意味を持つようです。

キウイの蔓

ネコ草

セロハン

マタタビ

マタタビに反応

ネコがマタタビに反応することはよく知られています。匂いをかぐとうっとりしたり、転げ回ったり、まるで麻薬をかいだような状態になるネコがいます。

しかし、すべてのネコがマタタビに反応するわけではありません。マタタビによく反応するネコは半分の割合なのです。残りはやや反応するか、まったく反応を示さないかです。なぜネコがマタタビに反応するのかはわかっていません。

植物の匂いに敏感

マタタビと同じようにイヌハッカや、キャットミント、キウイの蔦に反応するネコもいます。また、トウモロコシやアスパラ、大豆をゆでる匂いに興奮するネコもいます。

ネコたちはいろいろな植物の発する匂いをそれぞれが敏感に受け止めて興奮するようです。

マタタビ同様、これらの現象は科学的に解明されていません。

偏食とアレルギー

人間にとっては栄養のある食材でも、ネコが食べると
アレルギー症状を招いたり、健康を害する危険性があります。
ここで紹介する食材は避けましょう。

ダメな食材

牛乳

人が飲む牛乳は消化できないため、消化不良や下痢の原因に。ネコ用を与える

マグロ

低カルシウムでリンを多く含むため、赤身魚を常食すると骨の病気の原因となる

ネギ類

赤血球を損傷させる成分を含むため、貧血の原因に。死にいたることもある

生卵

生卵に含まれるタンパク質は、ビタミンBの吸収を阻害し、皮膚炎などの原因に

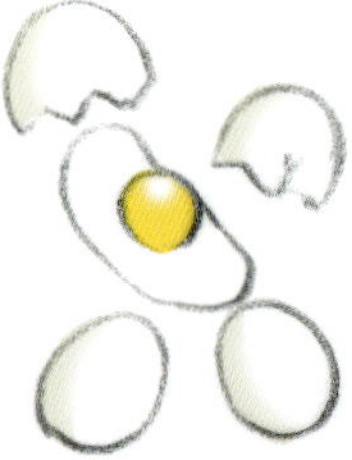

偏食は飼い主の責任

普段はキャットフードを食べているネコでも、ノリやマグロ、鰹節などを2、3度と与えるうちに、キャットフードをまったく口にしなくなることがあります。

こうなると、おなかがすいてもキャットフードを食べず、悪いとわかっていながらもその食べ物を与えるという悪循環に陥り、完全な偏食になります。

偏食はすべてのネコに起こることではありませんが、その可能性があるため、初めからキャットフード以外は与えないほうがいいでしょう。

赤身魚のマグロやカツオは、アレルギーを起こす頻度の高い食材であることがわかっています。また、牛肉もアレルギーが起きるタンパク質です。

ネコは、動物性のタンパク質であれば栄養にできます。ところが、繰り返し食べるとアレルギーが生じる場合があります。

タンパク質によるアレルギーの多くは数年を経て発生するので油断できません。食餌性アレルギーになると回復は困難で、食餌制限や治療が必要です。

食べさせては

チョコレート

テオブロミン中毒になる危険性が高い。嘔吐、失禁などが認められることもある

ノリ

ミネラルの高いものは不向き。過剰なミネラルは本来の栄養バランスを崩す

ドッグフード

犬の栄養要求量とネコのそれは違う。栄養不足になるので、ネコには適さない

生の豚肉

トキソプラズマ感染の危険がある。生の豚肉は、絶対に与えないこと

手作りごはんをあげるなら

手作りの食餌を与える場合、ネコに対して自然な食材を選ぶことが重要です。

タンパク質の選択

手作りの食餌を与えるなら、まずどんな動物性タンパク質を選択するかを考えます。通常、人間がとるタンパク質と同じものを選ぶことになります。

鶏肉は最もネコの体に適したタンパク質といえます。そのほか、鳩やウサギの肉はネコ本来の食性に合ったタンパク質と考えられます。

また魚であれば、白身のカレイやヒラメならよいでしょう。その場合は、新鮮なものであっても焼くか煮るかして火を通すべきです。味をつける必要はありません。また、羊や豚なども手に入りやすい食材です。これらももちろん火を通す必要があります。

基本的に、手作りといっても人間の料理のように加工を施す必要はありません。素材に火を入れることで殺菌し、安全性を高めます。

完全な栄養要求に応えられる食事を毎日手作りするのは、非常に難しいことです。とはいえ、キャットフードだけを毎日与えるのは味気ない、ネコのために手作り料理を作ってあげたい、という飼い主のために、ネコに安心な料理の提案です。

注意点

味つけは不要

人間の料理のように、加工したり、味をつけたりする必要はない

必ず火を通す

魚、肉などの素材に必ず火を通すことで、殺菌し安全性を高める

ウサギ肉のロティ(オーブン焼き)&ブレゼ(蒸し煮)

材料

ウサギ肉	500 g

健康なウサギ肉を使用する。手に入らなければ、鶏肉などで代用してもよい。

① 火が入りやすいよう、ウサギ肉は適当な大きさに切る。骨つきウサギ肉の場合は、骨にそって肉を適当な大きさに切る

〈ウサギのロティ〉

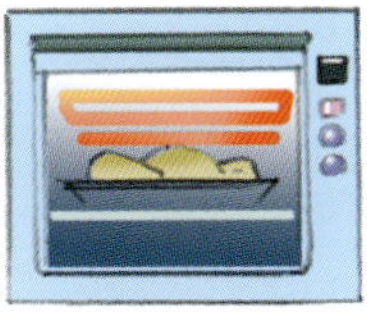

② オーブンに入れ、150℃で約15分～20分、焼く。焦げやすいので、2回くらいひっくり返しながら焼く

〈ウサギのブレゼ〉

② 肉が鍋の中で踊れるくらいひたひたの水を入れ、強火にかける。軽く沸いてきたら弱火にし、フタをして煮る。肉が柔らかくなるまで水をたしていく

③ 食べやすい大きさにちぎって与える

よく冷ましてから与えること！

フォン・ド・ヴォライユ（鶏のスープ）

材料

鶏骨つきもも肉	650 g
水	1500cc

本来はブーケガルニなどの香味野菜を入れて作る。キャットニップなど、ネコに無害なハーブを入れてもいい。このスープは、鍋やラーメンスープなど、人間向けの料理としても使える。

① 鶏骨つきもも肉は、あらかじめ血や脂などを除き、よく水洗いをしてからハサミや包丁などで適当な大きさに切っておく
② 鍋に、①の鶏骨つきもも肉と1500ccの水を入れる
③ 鶏骨つきもも肉が水に浸っているようにする。強火にかけ、軽く沸いたら弱火に。ボコボコ煮立つと雑味がでるので注意
④ アク・脂などこまめにとり除きながら、弱火で1時間半ほど煮る
⑤ 煮終わったら、ザル、布、ペーパータオル等で漉す
細かい鶏の骨が入らないように注意。仕上がりは550cc程度になる。鶏肉をよくほぐす
⑥
⑤のだし汁のあら熱がとれたら、そのままひと晩冷蔵庫に入れる
⑦
だし汁の上の固まった脂は、余分な脂なのでとり除く。鶏によっては「ゆるい煮こごり」になっていることも

フラン(プリン)

材料

鶏のスープ（P60 参照）	160cc
卵（Mサイズ）	1個

鶏のスープを利用すれば、簡単にネコ用のプリンができる。しいたけや鶏肉を入れれば、人間向けの茶碗蒸しにもなる。

① 冷ました鶏のスープ160cc をボールに入れる

② ①に、よく割りほぐした卵1個を入れ、かき混ぜる

③ 別のボールを用意し、②を一度ザルで漉す

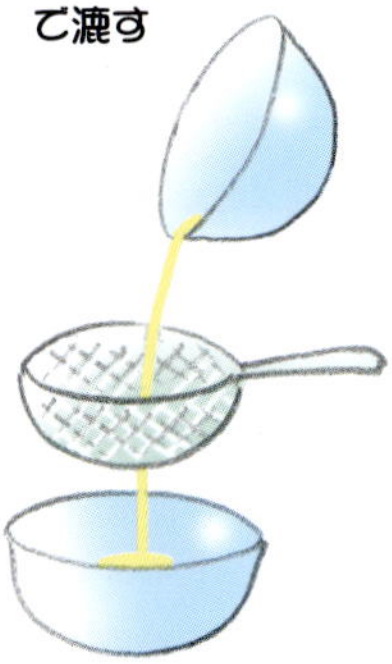

このひと手間で、なめらかなフランに仕上がる

④ ③を耐熱容器に入れ、茶碗蒸しの要領で蒸す

⑤ 冷まして、できあがり

レシピ考案者
レストラン「ロ・アラ・ブッシュ」
総料理長　中嶋寿幸氏

ダイエットは必要？

室内飼いのネコは、狩りの必要がなく、走り回るスペースも少ないので、肥満になりやすいようです。バランスのよい食事とともに、たっぷり遊び時間もとりましょう。

食べすぎが第一の原因

高カロリーなキャットフードを食べ続けたり、必要量以上のキャットフードを食べると肥満になる恐れがあります。肥満は体重だけで判断することはできません。脂肪のつき方が問題なのです。

標準体重は、1才のときの体重を目安にします。この体重から15％までの増加は正常な範囲です。

脂肪が皮下脂肪であれば大きな問題はないでしょう。健康上、問題なのは腹腔内に脂肪がつくことです。

健康を守る適切な食餌

人間の生活習慣病の原因として内臓脂肪が問題になりますが、ネコも不適切な食餌を続けると、生活習慣病と同じような状態になることがあります。

現在のネコは、人間の与えるキャットフードで生活することがほとんどです。ネコに適切な食餌を与えることは、健康を維持するためにとても大切です。

理想体型とは

体重 Check!

成ネコの標準体重は3.5kg～5.5kg。1才のときの体重を目安とし、この体重から15％までの増加は正常範囲と考える

見た目 Check!

- 肋骨は触れるが、浮き出ていない
- 上から見ると腰のくびれがわかる

肥満を解消する

カロリーを控え目に

過体重の減量法は、まずはいままで食べていたキャットフードよりカロリーの低いものを選びます。食べる量は同じでも、カロリーが低ければ当然、摂取カロリーは下がります。

いままで食べていた量を減量すると、おなかをすかせたネコはイライラしたり、これまで興味を示さなかった人間の食べ物を欲しがったりと、あまり好ましい結果は得られません。

肥満症の減量は、難しい医療行為なので、かかりつけの医師に相談し、長い期間をかけて行うプログラムを作るとよいでしょう。

ダイエットフードを利用

食餌を減らすと栄養不足や空腹感でストレスに。ダイエットフードはカロリー控え目で栄養バランスもよい

運動量を増やす

室内飼いのネコは運動量が不足しがち。ネコ用ファニチャーを設置し、おもちゃで遊びながら運動量をUP

過体重のネコ
●肋骨は脂肪でおおわれ、触ってもわかりにくい
●腰のくびれがあまりない
肥満のネコ
●肋骨と背骨は厚い脂肪でおおわれ、触れない
●腰のくびれがない

子ネコの食餌

生まれてから1才になるまでは、体をつくる大切な時期です。栄養に偏りや不足がないように、しっかりと飼い主が食事の管理をしてあげましょう。

栄養不良が成長を妨げる

子ネコは生まれてすぐ、母ネコから積極的に母乳を飲みます。発育もめざましく1日に15g〜20gずつ体重が増えていきます。

心身ともに成長する大切な時期ですから、栄養不良は、その後の成長を妨げるので注意してください。

食餌管理をしっかりと

生まれてから6週目までは、母乳でたっぷりと栄養をとります。母乳の量は測れませんが、子ネコの体重が充分に増えていれば問題ありません。6週目を過ぎた頃から、母乳にプラスしてネコ用の粉ミルクや子ネコ用フードを用意します。

粉ミルクを団子のように丸めたものを与えるのもよいでしょう。ドライフードが食べにくいようなら、小さく砕いたり、水を加えて与えてみましょう。

8週目を過ぎたら、子ネコ用のフードを食べたいだけ食べさせます。ちょこちょこと1日に何回もフードを食べます。6ヵ月まで、みるみる大きくなります。

6ヵ月を過ぎると、成長の速度はゆるやかになります。しかし、成長期は1才まで続きますから、子ネコ用フードでしっかり成長させます。

1才を過ぎたら、成ネコ用フードに切り替えます。このときの体重を測定しておきましょう。

0～6週

ミルクをたっぷり与える

生後すぐ母ネコから活発に哺乳する。保護したネコや母ネコの母乳が出ない場合、ネコ用のミルクを人肌に温めて与える。ネコ専用の哺乳ビンに入れ、頭がやや上向きになるように支えて乳首を吸わせる

6週～8週

2ヵ月頃にフードを与える

生後2、3週間で乳歯が生える。2ヵ月頃まではミルクを飲みたいだけ与える。その後は、驚くほどフードを食べるようになる

8週～6ヵ月

欲しがるだけ与える

3ヵ月頃まで急激に成長する。自由採食法で食べたいだけ、子ネコ用フードを与える。成長期の栄養不足は体の発達を妨げるので注意。6ヵ月を過ぎると成長のスピードはゆるやかに

ネコの食餌Q&A

Q1 好きなものを、好きなだけ食べさせていいですか。また、1日に食べさせてよい、食餌の目安量はありますか

A 好きなものを好きなだけ食べさせ続ければ、栄養のバランスが崩れていきます。質の悪いものであれば、下痢を起こすこともあるでしょう。このような食餌を続けていれば、いずれは健康を損ねてしまいます。長生きはとても望めません。

1才までの成長期には、栄養バランスの優れたプレミアムキャットフードを、ネコが食べるだけ食べさせます。成長が止まってからは、ネコの活動量によって必要な栄養量も変わります。ですから、体重と比較してフードの目安量は一概にいえません。

1才以降は、体重の増減しない食餌量が適量であるといえます。こまめに体重のチェックをすれば、適量かどうかがわかります。

Q2 食べすぎておなかを壊すことはありませんか

A 正しい食餌を与えていれば、おなかを壊すことはないでしょう。食べすぎるという行為は、人に見られる行為で本来はネコには起こりません。野生動物のライオンが獲物を食べすぎて、下痢を起こすことがないのと同じです。

しかし、近年ネコにも食べすぎが起こることが確認されています。人間同様、精神構造の異常から起こる現象と考えられています。

Q3 同じフードを与え続けたら、急に食べなくなりました。どうすればいいですか

A プレミアムフードであれば、食べ続けることができるはずです。まずは、食欲のない原因が病気であるかを確かめる必要があります。ほかのものを食べるなら、病気ではないといえます。

これは、飼い主がプレミアムフード以外の食べ物をネコに与えたことで起こったことですから、日頃の食餌の与え方に問題があります。

Q4 ネコ用のおやつを与えてもいいですか

A ネコの健康を考えるなら、プレミアムフードを与えることがいちばんです。プレミアムフードとはつまり、栄養バランスのとれた完全なフードのことです。

さらにおやつを与えることは、プレミアムフード本来の意味が失われます。ネコの食餌はバランスが大切なのです。

COLUMN

ネコはペストから人間を守った救世主

ペスト菌を持つネズミに寄生したノミが、人間の血を吸うときに菌がうつります。ペストはいくつかの症状に分類されますが、肺ペストは死亡率の高い恐ろしい伝染病です。中世ではペストが大流行し、ヨーロッパでは人口の3分の1、中国では人口の3分の2の人が亡くなっています。

この時代、ネコがネズミを捕る習性は、穀物を荒らし、伝染病を伝播するネズミを退治するためにおおいに役立ちました。

駆除対策で、ネズミの被害は減少していましたが、最近では都市部に家ネズミが増え、ビルや飲食店でネズミの害も多くなっています。ネズミの排除に、ネコの力がまた必要になっているのかもしれません。

第3章 トイレの世話

トイレの準備

新生ネコは、母ネコや飼い主の手をかりなければ排泄できません。
初めてひとりで排泄できるようになった
子ネコは、トイレにのせて見守りましょう。

ひとりで排泄できる場合

しつけは不要

ティッシュで刺激しなくても排泄できるようになったら、子ネコの行きやすい静かな場所にトイレを用意します。

トイレの上にのせると、最初はそこに座ってしまうかもしれませんがそのままにしておきます。子ネコは砂の感触を確かめ始めます。これだけで子ネコはトイレができるようになります。

ネコは、本能的に鉱物砂のような重量感のあるものを掘って排泄するのです。

砂を確認

しばらくすると、砂の匂いをかいだり、掘り起こすようなしぐさをして砂の感触を確かめる。重量感のある鉱物製の砂がおすすめ

トイレにのせる

排泄場を探しているサインに気づいたら、トイレにのせる。自分で行けるようになったときを考慮し、簡単にまたげる高さのものを選ぶ

こんなサインに気づいたら

Lesson Start

Sign 1 ウロウロし、何かを探している

Sign 2 部屋の匂いをかぎまわる

母ネコに代わってお世話

赤ちゃんネコは自分で排泄できません。おなかが尿でパンパンになるとミルクを飲めなくなります。ですから母ネコが、赤ちゃんネコの陰部と肛門をなめて刺激し、排尿排便を促すのです。

この時期の赤ちゃんネコを飼う場合、飼い主は母ネコに代わって排泄のお世話をしなくてはいけません。

ティッシュでやわらかくタッチして陰部や肛門を刺激し、排泄させます。こうしておなかをすっきりさせてから、ミルクを飲ませます。

ひとりで排泄できない場合

なめて排泄を促す

赤ちゃんネコは、自らうんちやおしっこを出すことができない。母ネコが、赤ちゃんネコの陰部と肛門をなめて刺激を与えることで、排便排尿を促す

優しい刺激を与える

ティッシュで陰部に触れるか触れないかの刺激を与える。尿が出なくなるまで続け、肛門も同様に。うんちはソフトクリーム程度の固さで黄色

静かに見守る

ジッと見られるのを嫌がるので、静かに見守って。母ネコと一緒の場合、母ネコの排泄方法を見てすんなりできるネコも

ネコがしたいようにさせる

最初は、トイレに座りこんでしまうネコもいる。そのままにして様子を見る

掃除はこまめに

ひとりで排泄できたら、飼い主はすぐにトイレの掃除を。ネコはきれいなトイレを好む

成長を待つ

ひとりで排泄できなかった場合は、まだ自力で排泄できる年齢に達していない

トイレの選び方

体の大きさに比べて容器が小さい、入り口が狭いなど、快適に排泄できないトイレは、きちんと使わないこともあります。

フタつき

- Check 1 入り口は開閉しやすく、高さが必要。成長すると出入りが困難になる
- Check 2 中腰で立っても天井に当たらないくらい、高さに余裕があると落ち着ける
- Check 3 容器内で向きを変えられるぐらい、幅にゆとりを

チェックポイント

フタなし

- Check 1 中にすっぽりと入り、向きを変えられる、余裕のある大きさのもの
- Check 2 砂をある程度深く入れる必要がある。なるべく深く、ネコがまたげる高さ
- Check 3 ふちに手をかけるため、適度に厚みが必要

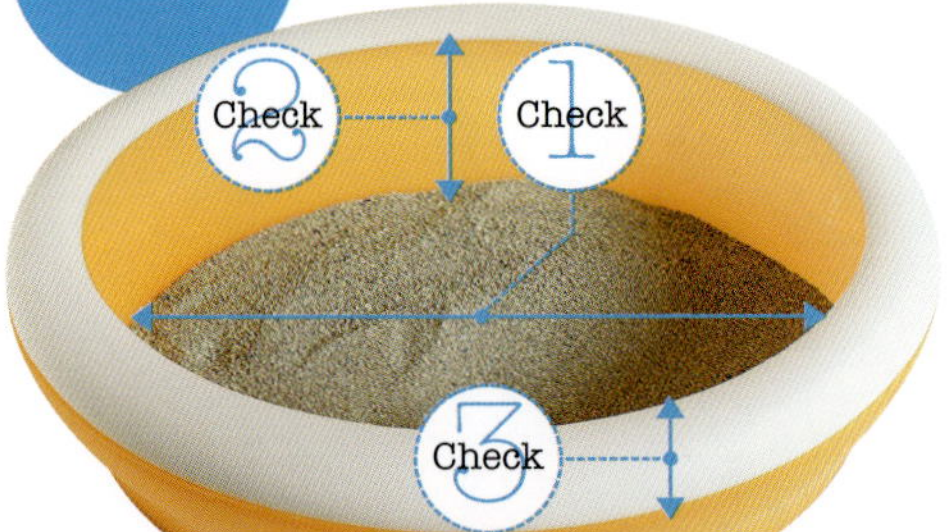

お気に入りを探す

トイレにも、ネコによって好みがあります。フタなし、フタつき両方を用意して選ばせるとよいでしょう。

フタなし容器は掃除がしやすく、フタつきは周りの汚れや臭いを抑えられます。どちらにしても容器は洗いやすく、清潔に保てる素材選びが大切です。

また、ネコはトイレの中で位置を決めるまで、体勢を何度か変えることがあります。体がすっぽりと入り、余裕のある大きさのものを用意しましょう。

砂はどんなタイプを選ぶ？

前肢で砂をかけて、排泄物を隠すネコの姿を
見かけたことがある人も多いのではないでしょうか。
ネコにとってトイレに砂は欠かせないのです。

本能を満たす砂とは

ネコは自分のおしっこや、うんちの臭いを消したい、隠したいという本能があります。とくに雌ネコの場合は、その傾向が強く表れます。トイレの穴を深く掘り、埋めたいのです。

鉱物製の砂は重量感があり、とにかく排泄の前に深く掘りたいと思うネコには最適な砂です。

最近は、砂も健康を考えて抗菌作用のものがあります。泌尿器系の病気の予防、また多頭飼いの場合は、抗菌でよく固まるものがよいでしょう。

砂の種類

鉱物製

固まるタイプは、重量感があるのでネコに好まれる

おすすめ！

POINT

排泄物が固まってとれるから衛生的

砂の固まりの数や大きさで、尿の回数や量を確認できる

紙製

木製

固まらない砂は、トイレ全体が細菌で汚染される。旅行などで持ち歩く簡易トイレとして、1回ごとに捨てるには軽くて便利

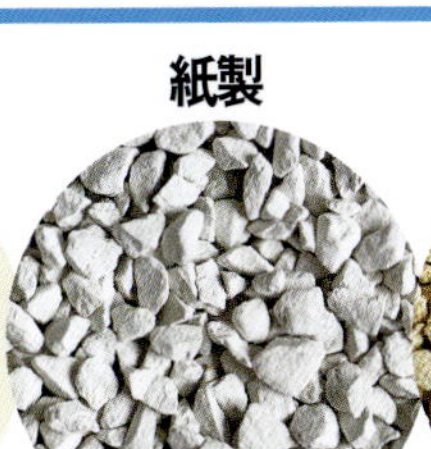

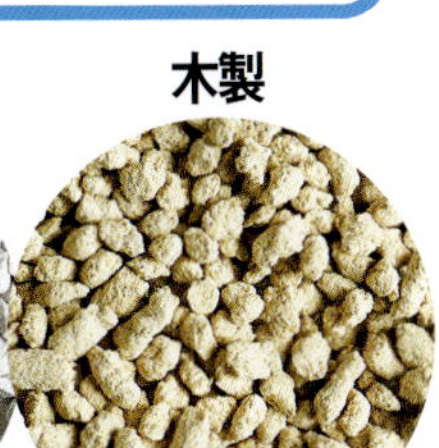

快適なトイレの場所

トイレの砂や容器を準備したら、次はどこに
置くかがとても重要です。ネコが落ち着いて
排泄できる場所を考えてあげましょう。

置く場所のポイント

POINT 1
暖かい部屋の隅

POINT 2
目の行き届くところ

生活空間内が理想

ネコにとって快適なトイレとは、安心して用を足せる場所。人が行き来するところや玄関は避けましょう。ただし、排泄物のチェックや掃除をこまめにする必要があるため、飼い主の目の行き届く場所を選ぶことが大切。人があまり行かない部屋の隅や、掃除のしにくい狭いところは避けましょう。暖かい部屋の隅など、ネコが過ごす空間にトイレを置くのが理想的です。

場所を決め、ネコが気に入ったなら場所を変えないこと。外に自由に出入りするネコも、家の中のトイレは必要なので、必ず用意しましょう。

快適なトイレの場所

ネコが排泄する姿勢を観察できることも必要です。

しかし、人に隠れて排泄したがるネコは、少々の目隠しが必要かもしれません。

また、特に冬季は寒い所にあるトイレは、室内との寒暖差を小さくした方が好ましいでしょう。

こんな場所はダメ

- 玄関など人通りの多いところ
- あまり人が入らない部屋

トイレは何個必要？

ネコはとってもきれい好きな動物ですから、たとえ自分の
排泄物でもトイレに残っていることを嫌います。
掃除ができないときは、複数準備するのが理想的です。

理想的なトイレ環境

POINT 1

最低でも朝・晩2回は掃除する

理想は頭数プラス1個

トイレは排泄後、すぐに掃除をしてきれいな状態を保つことが理想です。しかし、ネコにつきっきりでトイレの世話をできる飼い主ばかりではありません。使いたいときにきれいなトイレを提供できる工夫が必要です。

ネコがいかに汚れているトイレを嫌うかは、掃除が済んだ途端に待っていたとばかりに、おしっこやうんちをすることからもわかります。

トイレの数は少なくとも頭数プラス1個を用意します。掃除は最低2回、朝と晩に行いましょう。

POINT 2

頭数プラス1個用意

こんなことはダメ

- ネコ同士で共有させる
- ほとんど掃除しない

▼

排泄しなくなる

トイレに排泄しないのはしつけのせいではない

突然、トイレにおしっこやうんちをしなくなった場合、
何らかの問題が起きている可能性が高いと考えましょう。

異常や問題の心配も

ネコはトイレの場所さえ認識できれば、しつけることなくきちんと排泄できる動物です。

トイレ以外の場所におしっこやうんちをしてしまうのは、何らかの体の異常や、トイレそのものに問題があると考えなければいけません。

おもな原因として、次のようなことが挙げられます。

原因

掃除をしていないためトイレが汚い

ネコは、飼い主がトイレを掃除するそばから入ってきておしっこをしたりするほど、きれいで清潔なトイレを好みます。掃除されていないトイレには入りたがらないネコもいます。そうなると、汚れたトイレは使わず、きれいで排泄しやすい、ほかの場所を探します。それが、とりこんだばかりの洗濯物や布団の上だったりするのです。

ですから、トイレは常に清潔にしておかなくてはいけません。1匹でも、トイレを2つ準備するのも一法です。

不満原因を探ろう！

1 数を増やす

トイレが汚れていないか点検を。排泄するたびに掃除するのが理想的。それができない人は、1個プラスして用意するのもおすすめ

2 容器や砂を変える

トイレがきれいでも、トイレ自体が気に入らない場合も。容器や砂の種類を変えると、きちんと排泄するようになるケースもある

原因

おしっこをしている最中に「びくっ」と驚く経験をした

静かにおしっこをしている最中に、飼い主が大きな物音を立ててしまった場合、ネコはびっくりしてしまいます。この経験は、そこにあるトイレに入ったとき、驚いたことがあると記憶されてしまいます。すると、そのトイレは驚かされるから使いたくない、と考えるようになるのです。

このような場合は、トイレの場所を変えてあげましょう。また、トイレの容器も一新してあげると、びっくりした経験を忘れることができるのでよいかもしれません。

不安要素を探ろう！

1 設置場所

人がよく行き来したり、騒がしい場所は、ネコが落ち着いて排泄することができない。静かで安心できる場所へトイレを移動して

2 ほかの動物の存在

多頭飼いや犬など、ほかにも動物を飼っている場合は、身の危険を感じて排泄できないことも。落ち着ける場所に設置

病気の可能性を考える

排泄物を隠したい習性を持つネコが、トイレで排泄しない原因として、これまでに挙げた理由に当てはまらない場合、病気である可能性もあります。

排泄異常の5つのサイン

排泄時の異常な行動は、病気のサインである場合も。尿道閉鎖、膀胱炎、便秘などの疑いがある

- Sign 1 トイレに行って排泄もせずに、座りこんだままでいる
- Sign 2 砂を何度もかくが、排泄しないでトイレから出てきてしまう
- Sign 3 トイレの前まで行き、排泄したそうなのに、考えこむような行動をとる
- Sign 4 トイレで排泄のポーズをとったとき、悲鳴をあげる
- Sign 5 トイレで排泄のポーズをした前後に、嘔吐してしまう

緊急！

尿道閉鎖

膀胱内にできた結晶、細胞成分により、尿道が塞がり尿が出なくなる

尿中に結晶があるサイン

①おしっこの固まりが大小さまざまである
②ペニスをよくなめている
③ペニスの先がきれいなピンク色でない
④トイレに行っても、何もしないで戻る
⑤排尿に時間がかかる

以上のようなサインが見られた時点で尿検査をする。尿中に結晶が確認できたら治療を開始。水を飲むことも治療に

尿道閉鎖とは

①排尿姿勢をとるが、おしっこが出ない
②食欲がない
③抱き上げたり、おなかを触ると痛がる

尿道閉鎖とは、膀胱内にできた結晶、細胞成分により尿道が塞がり尿の流れが閉鎖される状態。雄ネコの尿道閉鎖は深刻。至急、病院へ

膀胱炎

季節の変わり目に多く、雄雌ともに見られる病気

サイン

①トイレに小さな固まりが5、6個ある
②排尿の回数が増えた
③トイレに行き始めると何度も入ったり出たりする
④ひどい場合は血尿も見られる

膀胱炎とは

膀胱に炎症があるため排尿後に残尿感が残り、膀胱に尿が充満していなくても尿意が起こる。病院へ相談

便秘

うんちを毎日するのが正常。食餌で改善を

サイン

①1日に1回うんちをしない
②うんちが固い
③排泄する姿勢はとるが出ない

便秘とは

不適切な食餌の場合に起きやすい。とくにニボシなどを食べるとうんちが固くなる。獣医師に食餌の指導を受ける

COLUMN

ネコの粗相と犬の粗相

子犬に、トイレのしつけが必要なことはよく知られています。しつけがされていないと、おしっこをしたいときに部屋のどこにでもしてしまいます。

そこで飼い主は、粗相をした場所に犬の鼻先をつけ、次にトイレに連れて行き、「トイレはここよ」としつけをします。こうしてしつけされた犬はトイレを覚え、きちんと排泄できるようになります。

しかし、ネコは生まれながらに持つ習性から、砂を入れたトイレさえ用意すれば、そこで排泄できます。トイレ以外で粗相をすることはありません。

もしネコが粗相をするようなことがあれば、それは犬の粗相とは異質なものです。病気など、体に問題が起こっている可能性があります。

掃除のPOINT!

POINT 1 臭いを残さない

POINT 2 中毒を起こさない洗剤を使う

POINT 3 換気をこまめにする

第4章

ネコのビヘイバープロブレム

問題行動とは

ネコにとってあたりまえの行動が、しばしば飼い主を悩ます問題となるようです。ネコの習性を理解した上で、改善策を見つけていきましょう。

人間と暮らすゆえに

ネコの起こす「問題行動」といわれるものは、人間から見た場合の問題であり、ネコ本来の習性からすれば、正常な行動であることが多いようです。

もちろん、過剰にグルーミングしてしまう、というようにネコ自身にとっても不利益な場合もありますが、ネコと暮らす環境で、人間にとっての不都合をとり除くことも必要なことです。

問題行動の要因とは

問題行動とみなされる行動は、「本能によるもの」、「環境によるもの」、「原因のわからないもの」、という大きく3つの要因に分けられます。また、複数の要因が重なって起こることもあります。

ですから、習性としての正常な行動を、人間がどこまで許容できるかが、この問題を考えていく上で大切なことなのです。このような問題行動を『ビヘイバープロブレム』と呼びます。

人間から見たネコの問題行動 3つの要因

1 本能

ツメ研ぎやスプレー、ハンターとしての行動など、ネコの遺伝子に組み込まれた習性。これらはネコにとっては正常なことだが、人間にとって問題になることがある

2 環境

住んでいる環境、多頭飼い、ほかの動物と飼われているなど、ネコが暮らしている環境によって起こるもの。縄張り争いのためのケンカなどが代表的

3 原因のわからないもの

気持ちよくブラッシングされていたのに突然怒りだしたり、かみついたりと、理由がわからないことも多い。無理になだめようとしても、おさまらないことがほとんど

たたいてはダメ

登ってほしくない場所に登ったり、いたずらしたときに、ネコをしつけようとしてたたいてしまったら……。ネコはたたかれた意味を理解しているのでしょうか。

ネコは反省する？

ネコが、人間にとって不都合なことやネコにとって危険な行為をしたとき、たたいたり、大声で怒鳴ったりしては決していけません。飾り棚に登り、中にあった人形を落としてしまった場合、人間にとってはショックなことですが、怒ってたたいてもネコはびっくりしてさっと逃げるだけです。

ネコは、たたかれたことを認識することはできます。しかし、どうしてたたかれたのかを理解することはできません。飼い主の大事にしていた人形を落としてしまった事実と、その理由から自分がたたかれ、怒られている事実が結びつかないのです。ネコの認識は、怒鳴られ、たたかれ、怖い思いをしたということにとどまります。そのため、飼い主は恐い人だから、逃げなくてはいけないと思ってしまうのです。

ですから、いくらネコがその場から逃げても、反省をしているわけではないのです。飼い主のいるときは行動しなくても、見ていないときにはまた、同じことをしてしまうのです。

病気としての問題行動

さまざまな問題行動の原因を探すことは、非常に難しいことです。

しかし、何らかの問題が生じたときに、それがネコに起こっている病気か、または精神的な問題かを詳しく見ていく必要があります。

病気であれば治療が必要です。精神的な原因から起こる問題についても、現在ではさまざまな内科療法を試みることができます。

ネコに有効な学習法

やってほしくないことをした場合は、たたく以外の方法で
ネコに学習させること。ダメなことをしたら、その行動を中止させましょう。

霧吹きで水をかける

ダメなことをしたとき、霧吹きでネコの顔に水を吹きかける。食卓に登ろうとしたときなどに吹きかけられると、登ると嫌なことをされると学習して、登らなくなる

ダメな行動は必ずやめさせる

登ってはいけないところにネコが登った場合、見つけたら例外なく下ろすこと。ガスコンロなど、火傷をしてしまう危険のある場所も、下ろし続ければ近づかなくなる

大きな音を出す

やってはいけないことをしたとき、「ダメ」と大きな声で言ったり、手をたたいて大きな音をたてる。ネコは大きな音に驚くので、学習してやらなくなる

本能によるビヘイバープロブレム 1

マーキング行動

飼い主の頭を悩ますスプレーなどの
マーキング。それは、
ネコが安心して生活を
するための本能的な行動なのです。

こんな悩みの人は…

- 部屋のいたるところに匂いづけする
- ツメを研いで、家具がボロボロになる

マーキングの種類

ツメ研ぎ
古くなったツメをはがし、新しいツメを出す行為。同時に、手のひらのパット部分から分泌するフェロモンを付着させる、マーキング行為でもある（詳しくはP89）

スプレー
自分の縄張りにマーキングすることで、その環境に安心して暮らせる。外で生活するネコであれば、ほかのネコへ自分の存在をアピールする意味を持つ（詳しくはP90）

スリスリ
ネコのほほからはフェイシャルフェロモンが分泌される。家具や大好きな飼い主など、お気に入りの対象にほほをスリスリとこすりつける。とくに問題にならない行動

縄張り確保の大切な行動

ネコは自分の縄張り（テリトリー）に、自分のフェロモンを匂いづけします。これを本能によるマーキングといいます。ネコは生活圏内に匂いをつけておくことで安心するのです。

マーキングといわれる行動には、尿スプレー、顔をお気に入りの物にスリスリする、ツメ研ぎの姿勢をとる、などが挙げられます。これらの行動をやめさせるのはとても困難なこと。スリスリしてマーキングするだけなら人間に不快感を与えることはありませんが、スプレーとなると、あまりの強烈な臭いに頭を悩ませている飼い主も多いようです。

スプレーとは、雄ネコが立った姿勢から尾を上げて、尿を吹きつける行為です。おしっことは違います。去勢手術をしていない雄ネコに最もよく見られる行為ですが、去勢手術をしていても、または、雌ネコにも見られることがあります。

本能によるビヘイバープロブレム 2

ツメ研ぎ

古くなったツメを研いだり、マーキングしたり、
ネコにとってツメ研ぎは大切な行動です。
問題は、ツメ研ぎの場所です。

矯正はとても困難

室内の家具、布製や革のソファー、壁、畳、などでツメを研ぐことが問題となる場合があります。

しかし、これはネコのマーキング行動なので、矯正することはとても難しい問題です。ネコは自分が気に入った場所に、丹念にマーキングしたい生き物です。これは、ネコの習性であることを理解しなくてはなりません。

ネコにとっては、古くなったツメをはがしたり、手から出るフェロモンをお気に入りの物につけたりしているだけなのです。

回避するには

問題となるのは、ネコがツメ研ぎをしたい場所と、飼い主がツメ研ぎをされたくない場所が重なってしまうことです。

そうなったら、ネコの気に入るツメ研ぎを用意し、部屋の数カ所に置いてあげましょう。素材もさまざまなものがありますから、ネコに選ばせてあげるといいでしょう。

ネコが好む素材は

ツメが引っかかりやすく、ツメ跡の残りやすい木材やダンボールなどの素材を好む。家具や柱、布製のソファーなども。反対に、プラスチックなど表面のツルツルしたところは好まない

対策法

ネコが気に入る木材やダンボール素材のツメ研ぎを、よくいる場所に複数用意。背伸びをするような姿勢でツメを研ぐので、体を伸ばせる高さに設置して

本能によるビヘイバープロブレム 3

尿スプレー

テリトリーを作るネコにとって、縄張りを主張するには自分の匂いをつけておくことが重要。発情期などは、とくにこの傾向が強く見られるようです。

スプレーする理由

雄ネコのスプレー行動は、縄張りをマーキングするのに不可欠な行動です。スプレー行動は、おしっこを排泄する行為とはまったく異なる種類のものなのです。通常は、立った姿勢のまま垂直面に少量の尿を吹きかけます。

スプレーは雄ネコにとって、極めて自然な行動ですが、これを部屋中にされてしまうと、多くの飼い主はその強烈な臭いに閉口します。性成熟した雄ネコに、頻繁に見られるため、去勢手術を行った雄ネコと生活をするのが一般的な解決策といえます。ですから、性成熟以前に去勢手術を施すことが、スプレー行動を防ぎます。

また、発情中の雌もスプレー行動をすることがあります。これは避妊手術で解決します。

問題は、去勢や避妊済みのネコに突然スプレー行動が起こることです。原因はまだわかっていませんが、窓越しに見知らぬネコを見たことがきっかけとなって始まることもあります。ほかのネコの存在や、縄張りを荒される精神的な不安を探ってみましょう。

性ホルモン支配のスプレー行動

対処法

雄ネコは去勢手術
雌ネコは避妊手術

精神的なことで起こる突然のスプレー行動

対処法

専門家による治療プログラム

ゲーム行動

物陰に隠れて獲物を狙うしぐさを見せることがよくあります。しかし、人間に飛びつく行動は、本能からくるものなのでしょうか……。

こんな悩みの人は…

- 突然、人の足に飛びついてくる
- 物陰に身をひそめ、突然飛び出て驚かす

人を驚かせるネコ

物陰に身をひそめ、隠れていて、人間の足に飛びつく行動をするネコがいます。これはハンティング行動とは違った意味を持つと思われます。

なぜなら、すべてのネコがこのようなしぐさをするわけではないからです。ネコが狩りをするネズミなどの獲物と、まるで大きさの違う生き物に飛びつくことは、本能から生じる行動とは考えられません。

反応を楽しむネコ

不意に飛びつかれた人間は、その相手がすぐにネコだということがわからず、驚きの声を上げます。ネコはその人間のリアクションを好み、何度も繰り返すようになります。リアクションの大きい人ほど、喜ぶようです。ネコにとっては、いわゆるゲームのようなものなのです。

このようなゲーム行動は人間を信頼しているネコによく見られ、このことから、かなり高度な思考回路を持っていると考えられます。

食べるためだけにハンティングするわけではない

ネコは空腹ではなくても、小動物を捕ります。これは習性なのですが、貴重な野生動物がその獲物になってしまうと、環境に多大な悪影響を与える「害獣」というレッテルを張られてしまいます。

ネコは、遺伝子に組み込まれたハンターとしての本能で、ハンティングを行っているのです。

習性

本能によるビヘイバープロブレム 5

ハンティング行動

6ヵ月以上のネコに、かみつかれればかなり痛みます。なぜ、人をかむのでしょう。

こんな悩みの人は…

- かまれたり、ひっかかれたり、ケガが絶えない
- 手や足に飛びかかってくる

人をかむ理由

獲物を襲う行為は、ハンティング行動です。本能であり、獲物にかみつくことは当然の行動です。人間を獲物にするには大きすぎて無理がありますが、手であれば獲物としてハンティング行動が起こるのも理解できます。

生後4ヵ月まで、母ネコや兄弟ネコと生活できなかった場合、人の手にかみつくネコがしばしば見られます。これは成長期に、人間がネコを手でかまうことで、ハンティングの目標を人間の手に変えてしまった例です。

成長期に子ネコたちは、母ネコや兄弟ネコにかんだりかまれたりすることでハンティングを学びます。

しかし、人間に育てられた子ネコは、人間の手を兄弟の代わりにして、かみつきじゃれますが、かみ返されることはありません。子ネコを手であやし続ければ、手を目標にしたまま成長し、大人になってもハンティングの願望を満たすために手にかみつきます。このような行動をさせないためには、子ネコのときに手で遊ばせないことです。

モミモミするしぐさ

新生ネコがおっぱいを吸いながら前肢でモミモミするしぐさを、大人になったネコが、飼い主の体の上やお気に入りのクッションですることがあります。ネコに残る幼児性のひとつと考えられます。

また、すべてのネコではありませんが、お気に入りのタオルや毛布を哺乳するかのようにチューチュー吸うしぐさも見られます。このときのネコの様子はとても幸せそうです。

ネコと手で遊ばない

子ネコは母ネコや兄弟ネコと生活し、かんだり、かまれるハンティングを学びますが、人間に育てられたネコは手であやされることが多く、問題の原因になるようです。

おもちゃで遊ぶ

ネコと遊ぶときは、ひもやネコじゃらしなど、ネコ用のおもちゃを使って遊ぶこと。転がすと音のでる物や、遠隔操作で動くおもちゃなど、種類もバラエティーに富んでいる

ミトンで遊ぶ

素手では絶対遊ばないこと。ミトンのような手袋をはめて遊べば、手を目標にさせなくてよい

位置づけ行動

こんな悩みの人は…

●急にネコがかみついたり、暴れたりする

単独行動をとるネコの社会には上下関係がないと考えられています。唯一ある関係が母子関係です。

ネコの幼児性

飼い主のひざにのってくるネコとまったくのらないネコがいます。ひざにのるネコの行動は、親愛の情を感じるものです。

　また、ひざにのっていたネコに急にかみつかれることがあります。この行動は非常に不可解ですが、ネコにとっては意味があるのでしょうか。

　これはネコが幼児期に持っていた母子関係の一時的な再現ではないかと考えられています。この場合の「かむ」という行為は警戒心からくる攻撃性ではなく、安心できる環境に自分がいられるという、確認の意味を持つのではないでしょうか。実際、子ネコは大好きな母ネコにかみつきます。

　大人になったネコの幼児性ともとれる行動ですが、ひざにのせてかみつかれることを容認すると、頻度が高まる可能性があります。ですから、かみつかれたときは、すぐひざから下ろしましょう。人間をかんだら、ひざから下ろされるのだ、ということを学習させる必要があります。

飼い主を鳴いて呼ぶ

飼い主がお風呂に入っていたり、トイレに入ったりして姿が見えなくなると、鳴いて呼ぶネコがいます。

　子ネコが母ネコからはぐれたときに、ミャーミャー鳴いて呼ぶ行動と同じです。

　成ネコになっても見られる、「鳴いて呼ぶ」という行動は、人間と暮らすネコの永遠の幼児性といえるかもしれません。

位置づけ行動の対処法

ネコにとって遊びのつもりでも、かまれた人間にとってはたまらないもの。
かんだらひざから下ろされる、遊んでもらえないなど、学習させることが大切です。

かみつかれたままにしない

かみつかれているのに、そのままにしていると、ネコはだんだんエスカレートする

すぐひざから下ろす

かみついたり、ひっかいたりした場合、すぐにネコをひざから下ろすことが大切。ダメなことをしたら下ろされる、ということをネコに学習させるようにする

環境によるビヘイバープロブレム 2

パニック行動

ネコはとても敏感な動物ですから、突然の物音など人間にとってはほんの些細なことでも、身の危険を感じてパニックに陥ることがあります。

こんな悩みの人は…

- 突然、興奮して暴れ回る
- 物音に驚き、かみついたり、ひっかいたりする

そっと見守る

窓の外を歩いているネコを見た途端、ネコがパニックになって、そばにいる飼い主にかみついてしまうことがあります。

ネコがネコを見て驚くことは、不思議に思うかもしれません。けれど、私たち人間も、誰もいるはずのない自分の家のベランダに、人が立っていたとしたら、驚いて悲鳴をあげることでしょう。

そう考えると、ネコがびっくりしてしまうのは当然と理解できます。そのほか、突然物音がしたときや、何か物が落ちてきたときなど、ネコを驚かせる原因が引き金となり、パニックを起こすこともあるでしょう。

もし、パニックになってしまったら、そっとしておくしか方法はありません。声をかけたり、体を触る、落ち着かせようと抱き上げるなどの行動はせず、静かに時間が過ぎるのを待つのがいちばんです。パニック状態から、正気にもどれば、元の落ち着いた状態にもどります。

閉じ込めに注意

子ネコの時期はとくに、タンスの引き出しやワードロープの中に閉じ込めてしまうことがあります。

家に帰ったときに、いるはずのネコがいなくて必死に捜し、ワードロープを開けたら出てきたなど、思いもよらない場所に閉じ込めてしまうことがあるようです。気をつけましょう。

パニック行動の対処法

パニックに陥ったとき、その原因となるものに攻撃をしかけられない場合、
近くにいる飼い主などに攻撃をしかけてくることがあります。

何もせず そっとしておく

興奮しているネコをなだめようとしても無理。落ち着かせようとして抱き上げたり、体をなでたりすると、怒り出して攻撃的になってしまう。興奮が鎮まるまでそっと見守って

原因を とり除く

ネコが驚いて、パニックになる原因をなくすことが先決。庭やベランダに外のネコが侵入できないような柵を作ったり、目隠しになるものを用意しておくとよい

環境によるビヘイバープロブレム 3

テリトリーからの排除行動

多頭飼いをしている場合、
ネコ同士のいじめもあるようです。

こんな悩みの人は…

- 食餌や排泄しようとするネコをほかのネコが威嚇
- ネコ同士のケンカが絶えない

ネコ社会に順位はない

ネコはネズミを捕ることから、その餌場であるテリトリーを守ろうとする意識の強い動物です。

ネズミは、ひとりで捕まえられる大きさであり、何匹ものネコが助け合って捕まえたり、分け合う大きさではありません。ですから、ネコ同士の社会的な関係は重要ではなく、集団生活をする意味はありません。

集団で獲物を捕る犬のように、リーダーや社会的順位も必要ないのです。

複数で室内に飼われている場合、テリトリー意識によるネコ同士の争いが起こります。

優位に立つネコは、相手の起こすあらゆる行動のたびに威嚇します。フードを食べるときや、トイレを使うときなどに、威嚇して追い払うことを繰り返します。

追い払われたネコは食餌もろくにとれず、排泄もままならず、大変抑圧された生活を強いられます。この行動に気づいたら、別々の部屋で生活させましょう。

家出をするネコ

多頭飼いの場合、自由に外出できる環境であれば、居心地の悪いネコはどこかへいなくなってしまいます。

3匹以上の飼育の場合、2匹対1匹という関係になることも多く、威嚇やケンカなどのトラブルが起きる可能性が高まるようです。ですから、2匹に追い出される格好で、出て行ってしまうのです。

排除行動の対処法

集団生活をする必要のないネコにとって、多頭飼いはさまざまな問題を招きます。威嚇されているネコがいるなら、安心して生活できるスペースを飼い主が確保しましょう。

1匹ずつスペースを確保

多頭飼いの場合、排除行動が見られるようなら、1匹ずつにスペースを分けて生活させる必要がある。室内の必要なテリトリーの広さは、1匹あたり70㎡程度だと考えられている

食器は1匹に1皿

排除行動が起きている場合、威嚇されているネコは食餌をとることができないケースも多い。食器は1匹に1皿を用意し、トイレも共有させないこと

1

理由のわからないビヘイバープロブレム

ビニールをかむ

**草やビニール、毛糸などをネコが
かむ姿を見かけることがあるでしょう。
ネコは、そのかみ心地を
楽しんでいるのでしょうか。**

こんな悩みの人は…

- ビニール袋をかむので、やめさせたい
- セーターなどにかみついて、穴をあけてしまう

嗜好性を表す行動

人間が煙草を吸ったり、コーヒーを飲んだりすることを「嗜好」といいますが、ネコにもこれに似た行動があります。食べ物ではないものを口に入れてかむ行為です。

ネコが草をかむ行動はよく知られています。しかし、すべてのネコが草をかむわけではないことから、これは栄養の補給ではないようです。ウールをかみ、食べてしまうネコは『ウールイーター』と呼ばれます。この行為もすべてのネコの特徴ではありません。

室内で生活するためか、ビニールをかむネコも増えています。ビニールをかんでいるうちに飲み込んでしまうのです。草もウールも天然のものなので、これらの行為には何か栄養学的な理由が隠されているのではと、考えるむきもありました。ところが、ビニールではこのような説明がつきません。

ネコは、まるでビニールの食感を楽しんでいるかのようです。食べ物以外のものをかむ行為は、独特な嗜好性の表れではないかと考えられます。

ノリを食べるネコ

ネコが、ノリを好むことが知られています。肉食動物であるネコが、海草を好むのはどこか変な気がします。ノリは世界の中でも独特な食品ですから、世界中のネコが同様に好むのかはわかりません。

しかし、多くのネコがセロハンを好むのと同様に、ノリのパリパリした食感が好まれるのかもしれません。

ネコの嗜好性への対処法

ビニールや毛糸などをかんでいるうちに、飲み込んでしまう
ネコも多いので、目の触れないところに隠しましょう。

食べてしまったら

ビニールは胃の中で消化されないため、かんでいるだけなら問題ないが、食べてしまうのは危険。うんちと一緒に出ればいいが、排泄されず、嘔吐を繰り返したり、食欲がなかったりする場合は病院へ

素早くとり上げる

ビニールや毛糸をかんでいるのを発見したら、飲み込まないうちに、素早くとり上げます。また、それらはネコの届かないところへしまいましょう

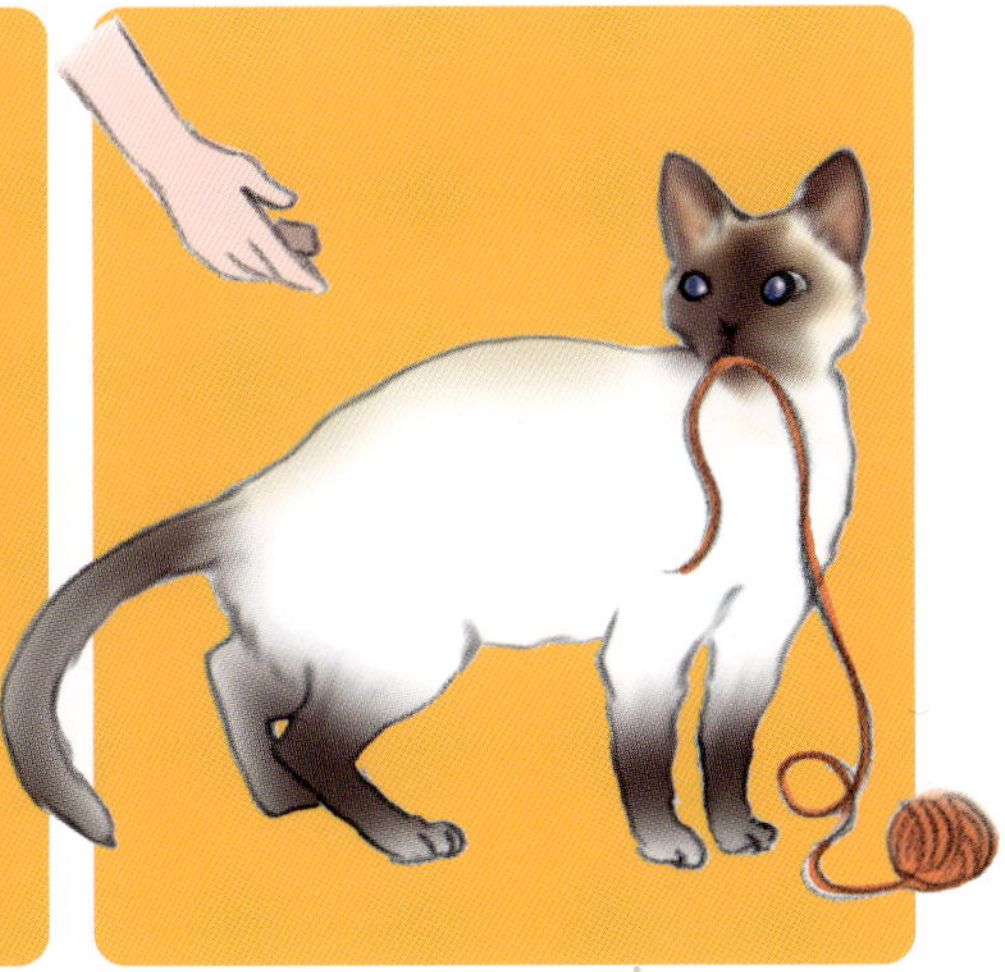

ビヘイバープロブレムに関するQ&A

Q1 6ヵ月の雌ネコですが、最近いつもと違う鳴き声で鳴くようになりました。夜もうるさくて眠れません。おなかがすいているようでも、遊んで欲しいわけでもないみたいですが……

A ネコは6ヵ月くらいで性成熟するので、それにともなって体に変化が生じてきます。これを発情期といいます。特徴として、大きく独特な声で昼夜関係なく鳴くことがあります。

また、体をクネクネしたり、食事の量に変化が見られることもあります。1週間ぐらいで発情は一度止みますが、またしばらくすると始まります。

人や犬のように生理（排卵）がない雌ネコは、妊娠しないかぎり発情が続きます。

避妊手術をすることで解決します。

Q2 私の家は5匹のネコを飼っています。ある日、ベッドの上にうんちを見つけました。数週間後にも部屋の隅にうんちがありました。どのネコのものかわかりません。いままではなかったのになぜでしょう

A

トイレ以外の場所で排便する場合、トイレが清潔に保たれているか見直す必要があります。掃除が行き届いていないトイレで用を足すことを嫌がるネコもいます。常に清潔なトイレを用意できない場合は、数を増やしましょう。

また、砂の種類を鉱物系のよく固まる砂にするのもいいでしょう。

トイレの環境を整えたにもかかわらず、トイレ以外の場所でうんちをしてしまう場合は、ビヘイバープロブレム

として考えます。ネコが自分の存在を主張する行為としての排便です。

解決方法は、1匹ずつ別の部屋に分けるなど、ネコ同士の関係性を客観的に判断していきます。しかし、このようなネコを治すことは非常に難しいので、まずは専門家に相談しましょう。

Q3 外にいたネコを家の中に保護したのですが、怖がり隠れて出てきません。どのように接したらよいですか

A ネコの警戒心からくる行動ですから、静かに見守ってあげましょう。声をかけたり、隠れている場所から無理に引っ張り出してはいけません。ネコが安心な場所であると認識すれば、自然に出てきます。

フードと水、トイレはネコの傍らに置いてあげましょう。

ネコにおける品種改良

多くの家畜が人間の手により品種改良を受けてきました。馬はより速く走るために、牛は肉質をあげるため、また乳を大量に出すために、さまざまな人間の要求により改良が行われています。

犬は最も品種改良の進んだ動物であるといえるでしょう。使役の用途により体の形はさまざまに変えられてきました。

ネコも長い間、家畜として人間と暮らしてきましたが、品種改良とは無縁でした。なぜならネズミを捕る目的のためには、それ以上の改良は必要なかったからです。

現在、私たちが見かける品種改良されたネコたちは、その目的が愛玩のための容姿であり、これらの品種の歴史はまだ百年未満のものばかりです。

好みの容姿は時代とともに変化します。同時に、遺伝的な疾患も品種により明らかになってきました。ネコが愛玩の目的で今後も飼育されていくのであれば、遺伝的な疾患がなく、なるべく長生きするネコが好まれるようになるでしょう。

アレルゲンフリーのネコや性格が温厚であることなど、容姿以外の要因を求める方向に品種改良が進むかもしれません。

COLUMN

ネコはなぜ高くジャンプできるの?

ネコの後ろ肢は、走るよりもむしろ、ジャンプに向いた構造になっています。それは筋肉の中に、「白筋」という瞬発力に優れた種類の筋肉が多く含まれているからです。

白筋は、持久力は乏しいのですが、瞬発力から強大なジャンプ力を生み出します。4、5kgのネコでも、人間の肩の高さまで軽々とジャンプできるのは、この白筋のおかげなのです。

反対に、持久力に優れた筋肉は「赤筋」といい、マラソン選手や馬に多く見られます。ネコは生まれながらの短距離選手といえるでしょう。

第5章

ネコが快適に暮らすための住宅環境

理想の生活

清潔好きで、遊んだり、眠ったりすることの大好きなネコ。
ネコの気持ちになって、ストレスを感じることなく
暮らせる空間を提供してあげましょう。

理想の環境を作る 4つのPOINT

POINT 1 清潔感

掃除を毎日行う。清潔でものが散らかっていない部屋は、ネコに起こりうるさまざまな事故を予防する。トイレも常に清潔に

POINT 2 日当たり

出窓や窓際などポカポカと温かい、陽の当たる場所を好む。新鮮な空気を室内に入れるため、換気をこまめに行い、風通しよく

POINT 3 安心

おなかを上にしている無防備な寝姿は、安心している証拠。また、ベッドや高い家具の上など、よく行くところは安心できる場所

POINT 4 運動スペース

階段は格好の運動の場。フラットな室内なら、高低差のある家具を階段のように配置するとよい。ネコ用ファニチャーの設置も一案

心地よい部屋とは

掃除が行き届き、清潔で整理整頓された部屋は、人にとっても心地よく、ネコに起こりうるさまざまな事故を防ぎます。

ネコは陽の当たる場所を好むため、出窓などがあると、日中はそこで座っていることも多いでしょう。新鮮な空気を室内に入れるため、風通しをよくし、換気はこまめに行ってください。

音に対しても敏感です。しかし、環境で聞こえてくる音が日常的であれば慣れてきます。サイレンや花火の音など、突然の音には敏感に反応し、身を隠します。

ネコが喜ぶ環境作り

安心感があり、運動もできる、楽しい環境作りのアイデアを紹介します。

玄関

ネコを立ち入らせない空間に。逃げ出してしまわないよう、柵をつけておくのが理想的

お風呂場

湯船に水をはったままにしないこと。フタをしていても、ネコが登って転落する事故も多い

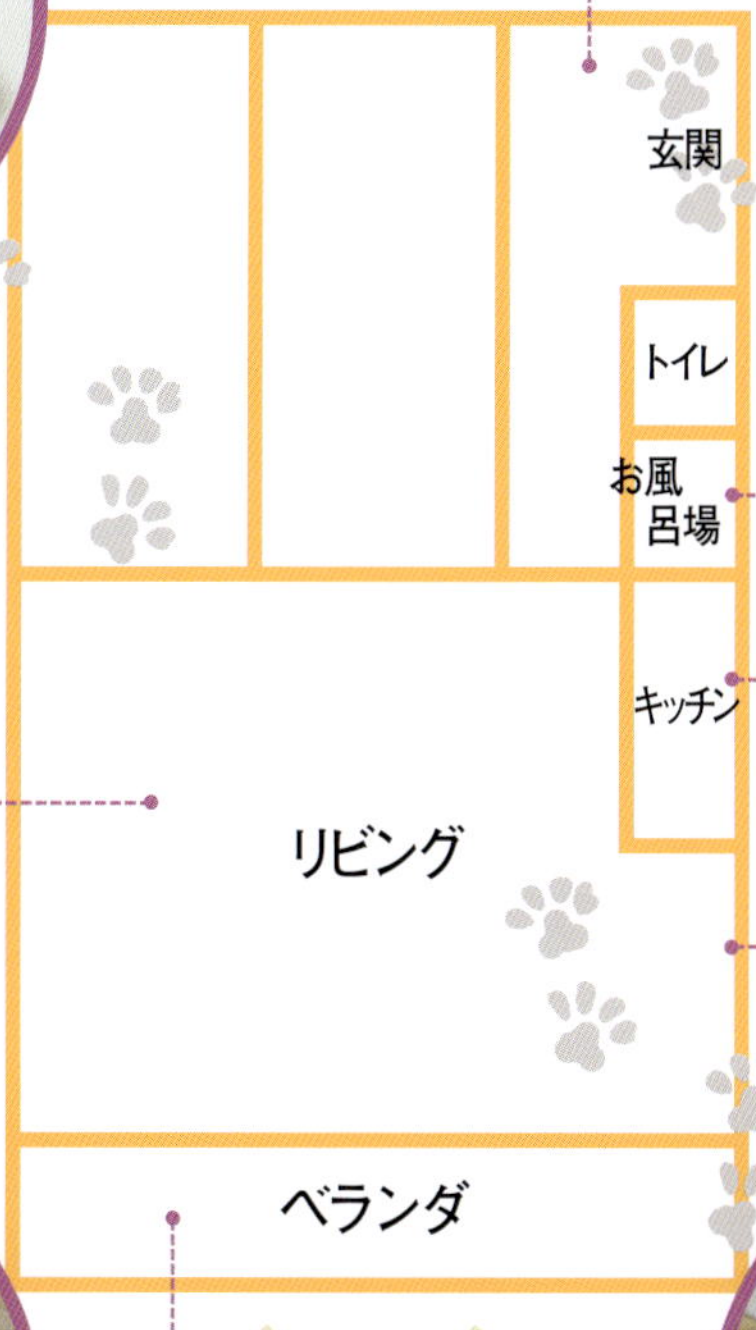

キッチン

火や包丁などを使うため、火傷やケガをする危険地帯。ネコが入り込まないよう、柵をつけるなどの工夫が必要

キャットウォーク

高いところが大好きなネコにとって、キャットウォークは嬉しい空間。部屋の中を見渡すことができ、運動する場としても有効

ファニチャー

室内飼いのネコは運動不足になりがち。ネコ用のファニチャーをリビングなどに設置して遊びの空間を。天井まで届くものをキャットウォークにつなげてもよい

ベランダ

ネコが転落をしてしまう危険性がある。何かのすきに、ベランダに出てしまわないよう注意して

留守番をさせるときは

**ネコは毎日でも、きちんと留守番ができる動物です。
6ヵ月を過ぎていれば、
ひと晩の留守番も問題ないでしょう。**

1日の留守番

ネコは、日中ひとりでいてもとくに問題はありません。朝から夜まできちんと留守番できます。

もし、ひと晩留守番をさせても、生後6ヵ月を過ぎていればほとんどのネコが問題なくできるでしょう。

でかける前に、2日分のフードと水、トイレは1個プラスして用意します。また、室温の管理も大切です。

2日以上の留守番

2日以上の留守番をさせなければいけない場合は、家族や友人など、ネコをよく知る人に1日1回は様子を確認してもらいましょう。トイレの掃除、フードの入れ替えなどの世話を、お願いしておくと安心です。ネコじゃらしで遊んでもらうのもよいでしょう。

また、日頃からネコを飼っている人と交流を深め、留守番を頼み合える関係を持てるとよいかもしれません。

犬のように散歩の必要はありませんが、何日も留守番できるわけではありません。

留守中の注意点

水
でかける日数分は用意しておくこと。新鮮な水を循環させたり、なめると水が出てくるアイテムもある

キャットフード
外出日数分のフードを用意。ドライタイプなら長時間放置しても腐らないので便利。時間になると自動的にフードが出てくるものも

トイレ
清潔なトイレでなければ、ほかの場所に排泄する場合がある。いつものトイレに1個プラスして用意。自動的に掃除するトイレもある

室温
夏はクーラー、冬は暖房やペット用カーペットで保温を。室温は24、25℃に保つのが理想的

留守中にあると便利なグッズ

ひとりで留守番できるとはいえ、食餌やトイレの準備は必要。安心してでかけられるための便利なグッズがあるので、活用してみましょう。

食餌

ネコが近づくとフタが開く自動開閉式の食器や、タイマー機能で決まった時間にフードが出る自動給餌器、パソコンや携帯電話から指示するとフードが出てくるハイテク機器、などを利用するとよい

水

飲む水の量は少なくても、新鮮な水を与えることが大切。タンク内の1.5ℓの水が浄化されて流れてくる給水器なら、常に新鮮な水を飲むことができる

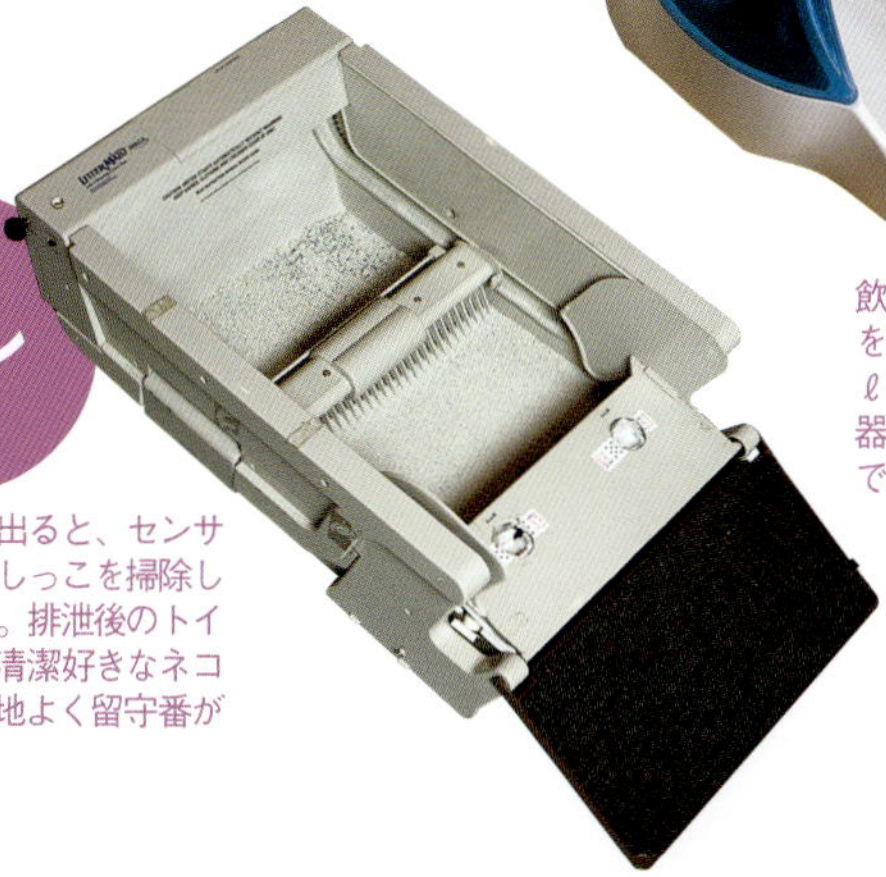

トイレ

排泄してトイレから出ると、センサーによりうんちやおしっこを掃除してくれる自動トイレ。排泄後のトイレは使いたがらない清潔好きなネコも、これがあれば心地よく留守番ができる

病院に預ける場合

ホームドクターの病院に預けることも選択肢です。性質にもよりますが、預けられた当日からフードを食べられる場合は何も問題はありません。

警戒心が強い場合、丸1日フードを食べず、おしっこもしないネコもいます。2日目に、おしっこをし、フードを食べ始めることがほとんどです。

長期の旅行を考える場合は、前もって試しに数日預けることで、様子を見ておくと安心です。

部屋はいつも整理整頓

ネコがいると、テーブルや棚のものを落とされます。ネコが上れる場所にはものを置かないことが鉄則です。

また、ごみ箱に捨てたものを拾ってきて遊んだり、かんでいることもあります。きちんと片づけましょう。

留守番をさせるときに限らず、部屋には余分なものを出さないことです。洗剤などの化学薬品も戸棚にしまいましょう。お風呂の水は抜くなど、事故防止には日頃から気をつけます。

快適な室温とは

激しい温度変化は、ネコにとってストレスになります。とくに夏の暑さや冬の寒さに弱いため、室温管理はしっかりとしてあげましょう。

温度差に弱いネコ

四季のある日本では、1年の気温の変化は激しく、夏の暑さや冬の寒さは苛酷です。ネコは温度差に大変弱い生物です。寒かったり、暑すぎたりすると、ストレスになって、さまざまな病気を発症します。温度の管理はとても大切なことです。

生後5日までの新生ネコは、自分自身で体温調節ができないため、飼い主が管理をしてあげましょう。

生後6ヵ月以上のネコの場合、夏は27℃以下、冬は21℃以上の室温設定が目安です。夏に、30℃を超す室温に数時間いると、ネコは熱中症になってしまいます。

熱中症は命を落とす危険性が高い病気です。予防のためにも、夏場は冷房をして、部屋の温度の上がりすぎに注意しましょう。

冬は、室温の設定も大事ですが、ネコが寒いときにいつでものれる、暖かい場所を作ってあげることをおすすめします。ホットカーペットやペットヒーターなどを用意してあげましょう。

温度

- 夏は27℃以下に設定
- 冬は21℃以下にならないよう設定。ホットカーペットやペットヒーター（写真左）を準備するとよい

湿度

乾燥しすぎないよう、適切な湿度に調整する。除湿器や加湿器などを利用するとよい

寒いときにのれるよう、ペットヒーターを用意するとよい

ネコ用ファニチャーを設置しよう

広い庭を思いっきり走らせてあげたい、という感覚は犬には必要ですが、ネコは安心できる場所で、飛んだり跳ねたりできれば充分なのです。

POINT 1
つっかえ棒
ジャンプしたときの振動や地震などで倒れないよう、天井と地面をしっかり固定させる
POINT 2
ツメ研ぎ
ファニチャーにツメ研ぎがついているタイプも。天然素材のものを
POINT 3
隠れるスペース
身を隠したいときなどに、入り込めるスペースがあるとよい
POINT 4
高低差
ジャンプして上がったり下りたりできる高低差があると、よい運動に

広い空間より段差が大切

部屋の中で、椅子からタンス、ベッドから引き出しなど、いろんなところをジャンプしながらひとりで運動することがあります。健康なネコは1日に1回、30分くらい途端に走り出したり、何かに飛びのったり、下りたりして運動をします。

「ネコの狂気の30分」と呼ばれるこの行動には、飛んだり跳ねたりできる家具などが必須アイテム。

ネコにとってはただ広い空間よりも、段差のある空間が必要です。このような空間があれば、室内だけで充分快適に暮らしていけます。

安心できる場所を確保

ネコは見知らぬ人がくると驚いて、家具の下などに逃げ込みます。
警戒心の強いネコたちは、身の安全がわかるまで
1日中、身をひそめているなんていうこともあるのです。

誰にも邪魔されない場所

ネコは、お気に入りの場所を数カ所持っています。家具の上や椅子など、よく行く場所は安心できる場所なのです。

それとは別に、家に来客があったとき、逃げ込める場所が必要です。ソファーの裏や押し入れの中などに、身を隠すことが多いようです。

POINT 1
安全地帯を提供

よく行く場所は、ネコにとって誰にも邪魔されない居心地のよい場所。ものを飾ったりしないで、提供してあげて

POINT 2
隠れる場所を確保

インターフォンが鳴るだけで、ネコは驚いてタンスの上、押し入れの中などに逃げ込む。場所をふさがないように注意

ケガをさせない知恵

**人間の赤ちゃんと同じように、ネコの安全を守るのは飼い主の役目。
台所やお風呂場など、火傷をする危険のある場所には
ネコが近づかない工夫をしましょう。**

家の中の危険地帯

家の中には、ネコにとって危険な場所がいくつかあります。暖かい場所を求めてお風呂のフタの上で寝るネコがいますが、フタがずれて転落してしまうこともあります。熱湯であれば火傷をしてしまいます。

台所では、鍋を火にかけているときだけではなく、火を止めたあとの熱くなったコンロに触れて火傷をすることも。

また、洗濯機のフタを開けたままにして洗濯槽の中に転落する危険もあります。稼働中なら、ネコは溺死してしまいます。

火傷　どうしてもコンロにのるときは、スプレーで水をかけるなどして、恐い場所であることを認識させる

転落　ベランダでの転落事故も注意。手すりにのったとき、慌てて抱き寄せようとすると、逃げて転落する危険も

感電　コードをかんで感電する事故も多い。カバーをつけたり、使わないときはコンセントを抜くこと

中毒から ネコを守る防止策

洗剤やシャンプーなど、一般的な家庭用品でも
ネコにとっては危険物になることがあります。
それらのある場所には、ネコを立ち入らせないようにしましょう。

中毒を起こす化学物質

ネコは肝臓で、「グルクロン酸抱合」により化学物質を解毒できません。人間には問題が起こらない量でも、家庭用洗剤や消毒剤など「フェノール基」を含む物質は危険です。これらの化学物質は直接口にしなくても、体についてしまうとグルーミングにより体内に入ります。

これらのある場所には、ネコを立ち入らせないようにしましょう。

また、観葉植物や切り花などを口に入れることで中毒を起こす危険もあります。さらに、次のものにも注意が必要です。

- **殺鼠剤**：クマリン系のものは、血液凝固因子ビタミンKに拮抗し、血液凝固異常を起こす。
- **薬剤**：人間用の頭痛薬や風邪薬に含まれるアセトアミノフェンは、メトヘモグロビン血症を引き起こす。死に至る重篤な状態に。絶対に与えてはいけない。
- **ヨウ素系消毒剤**：ネコに使用してはいけない。ヨードチンキなどもダメ。
- **外用薬**：ネコへの使用は非常に難しい。投与には獣医師の指示のもと、細心の注意が必要。
- **エチレングリコール**：自動車の不凍液や現像液に含まれる物質。重い腎臓障害を起こす。

グルーミングによって体内に入る危険も！

毒性のある植物に注意

アジサイ
青酸中毒を起こす
ヒヤシンス
球根を食べると嘔吐を招く。スイセンも危険
ジャスミン
散瞳の危険あり。ベラドンナも同様
月桂樹
腹痛、嘔吐、流涎、下痢などに。アゼリアも同様
ベコニア
口、咽頭、食道の刺激、流涎、粘膜浮腫などに
アサガオ
幻覚を起こす

観葉植物は葉自体にも神経毒や嘔吐、流涎を起こす物質を含むものもある。殺虫剤を散布しているものを口にするのも危険。切り花についても同じことがいえる

部屋の掃除

ワックスをかけた床などを、直接なめるわけではありませんが、手や足をなめることで中毒を起こす危険性にも配慮しましょう。

掃除に使っていいもの、ダメなもの

安全な掃除法

掃除機をかける、ほうきで掃くなど、化学薬品を使わない掃除を。消毒用アルコールは殺菌効果がある

使ってはダメ

ワックスや化学薬品は中毒の原因に。部屋全体の駆虫噴霧など、薬品が残留する可能性があるものは危険

化学薬品を使わない掃除

ほうきで掃く、はたきをかける、水拭きや、から拭きするなど、化学薬品を使わない掃除方法が安全です。

初めは掃除機の音に驚いても、掃除機を毎日かけていれば次第に慣れてきます。喘息が持病の場合は、サイクロン式の掃除機ならほこりが立たないのでよいでしょう。カーペットの裏側、家具の下や裏側も忘れずに掃除機をかけます。

ローラータイプの粘着テープは、カーペットだけでなく、人の洋服についた毛もきれいにとれます。

間接的に口に入ることも

ワックスや化学薬品を使った掃除は避けたほうがよいでしょう。拭いた場所をネコが直接なめるわけではありませんが、その上を歩いた手足をなめてしまったり、その手足で体のどこかをかき、そこをなめてしまうなど、間接的に化学物質が口に入ることで中毒を起こす危険があります。

ケージは必要？

ケージは、必須のアイテムではありませんが、避妊手術後や多頭飼いしているネコがいじめられている場合など、身を守るために便利です。

有効的な利用法

生活の中で、ケージはとくに必要なものではありません。ネコは部屋の中できちんと生活できる動物です。ケージが必要になるケースをあえていうならば、次のような例が考えられます。

- 病気になったときの病室代わりに
- 病気のネコの運動を制限する
- 避妊手術のあと、安静に保つ
- 人間の食事中、テーブルにのるなど、いたずら行動の制限として
- ネコの苦手な来客のとき
- 新しいネコを飼い始めるとき
- 多頭飼いの場合、いじめられているネコをほかのネコから守る
- ほかの動物と一緒に飼っている
- 事故防止のため
- ベランダに洗濯物を干すときなど、ベランダに出るのを防ぐ

ケージには、持ち運べる小さなものから、トイレやベッドを入れられる大きなものまで、さまざまな種類があります。長時間、ケージに入れておく必要があるなら、動き回れるスペースのあるものがいいでしょう。

引越しすることになったら

人と暮らすネコにとって、人の移動にともなう
引越しがとくに負担になることはありません。
引越しの当日は不安を与えないように気をつけてあげましょう。

準備と移動のコツ

引越しすること自体は、ネコに何の問題もありません。荷物の出し入れをする当日は煩雑になりやすいので、その間はペットホテルなどに預けると安心です。

引越しの準備を始めたり、引越し業者の出入りがあると、神経質になるネコもいます。どこかに隠れたり、何かの拍子に逃げ出してしまうこともあるので、ケージなどに入れるとよいでしょう。

移動のときは、キャリーバッグに入れます。バッグにもいろいろなタイプがありますが、底が安定し、高く大きい箱型の丈夫なものがおすすめです。

引越し先に着いたら、トイレやフードを食べる場所をすぐに用意してあげましょう。見知らぬ部屋では、ソワソワ落ち着かず、物陰に隠れて出てこなかったり、反対に山積みのダンボールに上って遊んだりと、さまざまな行動をとります。しばらくはネコの好きなようにさせて見守りましょう。

上手に引越しする5つのPOINT

- POINT 1 当日は、逃げ出してしまわないように、ホテルに預けておくと安心
- POINT 2 預けない場合はケージなどに入れ、逃げたり、隠れたりしない工夫をする
- POINT 3 移動中、トイレを用意しておく
- POINT 4 移動のときは、逃げ出さないようキャリーバッグに入れる
- POINT 5 引越し先に着いたらトイレと食餌を用意し、好きなようにさせる

新しくネコを迎えることになったら

ゆっくりと時間をかけて、先住ネコと新しく迎え入れるネコとの相性を観察しましょう。

初めは見守る

知らない場所では、ネコは強い警戒心を示します。身を隠す場所を探し、家具の隙間や裏など、物陰に隠れて危害や危険から身を守るのです。

このような状態のとき、食餌は食べず、おしっこもしません。身を固くしてじっとしています。無理に引っ張り出したり、フードを食べさせようとしたり、積極的に働きかける行動はすべきでありません。「警戒すべき対象」と受けとられるだけなので、そっとしておくことが、警戒心を早く解くことになります。

自分の居場所が安心だと認識すれば、好奇心が湧いてきます。部屋の匂いをかぎ、フードを食べ、おしっこをし、最後には飼い主にすり寄ってくるでしょう。こうなればもう大丈夫です。

先住ネコを優先

新しいネコがワクチン接種も受け、健康上問題なければ先住ネコと一緒にできますが、積極的に対面させることはすすめません。

2匹目を迎える場合、重要なのは相性。相性がよければ問題はありませんが、合わない場合、充分な環境を提供できるか（1部屋ずつなど）を考える必要があります。先住ネコの態度を見てから同居の判断をします。

保護したネコの場合、伝染病の潜伏期間の可能性があるため、トイレやフード、部屋は別にすべきです。血液やウイルス、便などの検査やワクチンを受け、健康上の問題がすべてクリアできた時点で同居させせます。

COLUMN

アウトドアの生活はほんとうに幸せ？

外を自由に出歩き、家の中で眠る生活はネコの理想のように思えます。確かにひと昔前なら、外での暮らしを楽しめたでしょう。

しかし、街の様子は一変しました。建物は密集し、車が勢いよく往来します。自動車やオートバイにはねられたネコは、ほとんど命を落とします。助かっても、後ろ肢や骨盤の骨折を負ってしまいます。これは、頭や胸を打っていないから命をとり留めたのだと思います。

反対に頭や胸をはねられれば、小さなネコなどひとたまりもなく死ぬということです。

外出の自由と引き替えに命を奪われることは、飼い主の決して望むことではないでしょう。

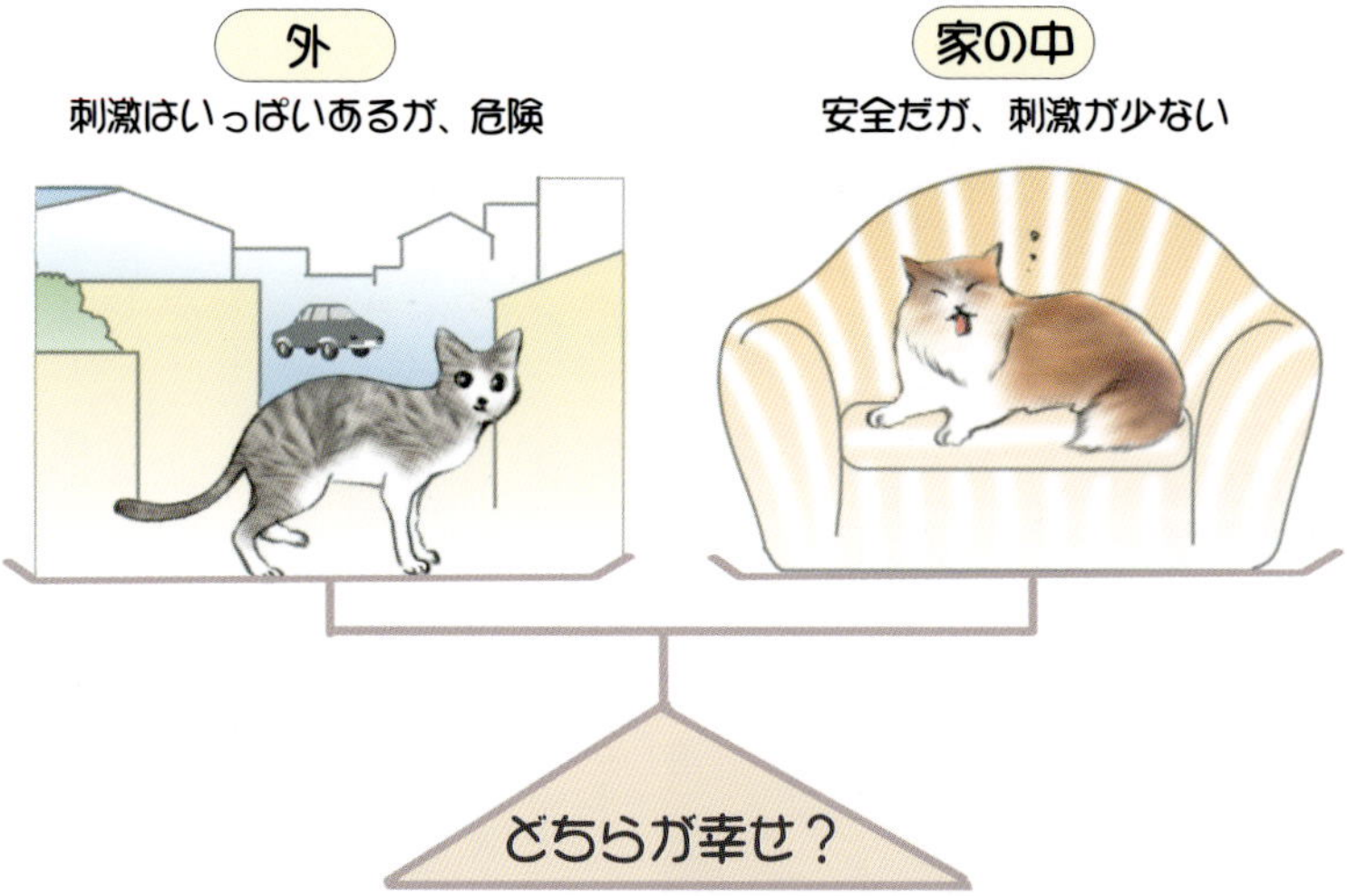
外
刺激はいっぱいあるが、危険
家の中
安全だが、刺激が少ない
どちらが幸せ？

第6章

大人へ
～妊娠・出産～

いくつになったら大人？

発情期になると、2週間ぐらいの間隔で雌ネコは発情します。落ち着きがなくなり、大きな声で鳴くなどの行動が見られます。

性行動から妊娠まで

雌ネコは、赤ちゃんのような大きな声で鳴いたり、雄ネコを挑発するかのように、体を床でくねらせる

雌ネコは、初めは嫌がるしぐさを見せ、雄ネコは行動を一度止める。しかし、すぐにまた求愛行動を始める

雌ネコはお尻を上げ、雄ネコは雌の上にのり、頸をかんで押さえる。これは雌ネコの突然の攻撃を防ぐため

雄ネコが雌ネコの膣にペニスを挿入し、交尾の刺激で排卵が起こる。交尾後、離れて毛づくろいを始める

性成熟に達する時期

雄ネコ、雌ネコともに約6ヵ月で性成熟します。排卵は、交尾による刺激で起きます（交尾排卵）。

ネコの祖先は縄張りを持ち、雄と雌は離れて暮らしていました。そのため繁殖期でも出会うことが少なく、確実な妊娠をするための方法だったのかもしれません。

雌ネコの発情は、交尾をしないかぎり排卵が行われないので終わることがありません。そのため、一度発情が始まると、長く続きます。

ネコにおける交配行動

交配を行う前に、親になるネコが健康であることを病院で検査することが大切です。性質だけではなく、遺伝的な病気も子へ遺伝します。

交配の仕方

雌ネコが発情すると、雄ネコは誘導されるように発情

→ 雄雌の相性が合わないと、交配は成立しない

→ 雌が雄をかぎ回るなど、興味を示したら交配が成立

→ 交尾行動を始めたら、妊娠の確率はほぼ100％

交配は遺伝の見地から

親になるネコは、血液検査でウイルス病（エイズ、白血病、コロナ）のチェックをし、陰性であることを確認します。性質も子に受け継がれるため大事です。温厚で好奇心の強いネコがよいでしょう。

人為的に交配させるときは、親から子へ、そして次の子へと、世代を超える「遺伝」という見地から考えることが重要です。多発性嚢胞腎（肝嚢胞）、軟骨形成不全など、遺伝病の疑いがあるネコは交配しないことです。

去勢と避妊の意義

**外で自由に繁殖させてしまうと、社会的な問題も招きます。
飼い主として、生まれてくる子ネコを育てきれないなら、
妊娠させるべきではありません。**

発情のサイン

雌ネコ

- 日が長くなることに刺激を受けて始まる季節発情。春に発情することが多いが、室内飼いの場合、人工照明の影響で、冬でも発情する
- 床で体をくねらせる
- 人間の赤ちゃんのような声で鳴く

雄ネコ

- 雌ネコの発情に誘発されて起こる。雄だけで発情が起こることはない

手術の意義を考えて

雄の去勢手術は、室内飼育で切実な問題となる、スプレー行動を抑制するために行われます。スプレー行動のおしっこは、アルカリ臭のとても強い臭いです。手術をすることでスプレーは回避できますが、性成熟前に行わないと、10%の割合でスプレーを続けてしまいます。

雌の避妊手術は、妊娠を１００%防ぐことができます。雌の発情は生後6ヵ月頃から始まり、発情中に雄を受け入れて妊娠します。雄のいない環境であれば妊娠することはありませんが、雄がいなくても発情は起こります。

室内飼いのネコの場合、避妊手術の意義は違ったものになります。発情が始まると独特の声で鳴き、それが夜中だと多くの人は寝不足になります。このため避妊手術を希望する人も多いのです。

	雄ネコの去勢手術	雌ネコの避妊手術
手術内容	●4ヵ月を過ぎ、体重が2kg以上になってから行う。健康であれば、スプレー行動が始まる前に手術するのが一般的。陰嚢を切開して精巣を摘出する。当日に退院できる	●初めての発情前に手術をするのが一般的。ガス麻酔を使用し、開腹手術により、卵巣と子宮を摘出する。1日の入院が必要
手術のリスク	●全身麻酔を行うリスクがある。安全な麻酔管理のもと、適切な技術を持つ獣医師であれば問題ない ●手術当日は、静かな環境で見守る。翌日からは普段通りに	●全身麻酔を行うリスクがある。安全な麻酔管理のもと、適切な技術を持つ獣医師であれば問題ない ●手術をした傷が完全にふさがるまで、飛んだり跳ねたりしないこと。行動の制限が必要
術後に見られる変化	●スプレーが始まってから手術を施しても、10%のネコはスプレーを続ける	●手術により、100%妊娠を防げる ●発情しなくなる

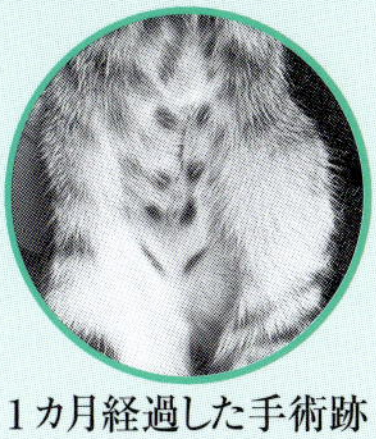

1ヵ月経過した手術跡

妊娠期間の注意点

妊娠中であっても、健康なネコはよく食べ、よく動き、よく眠ります。いつも通りにジャンプをしても、自分からの行動であれば心配することはありません。

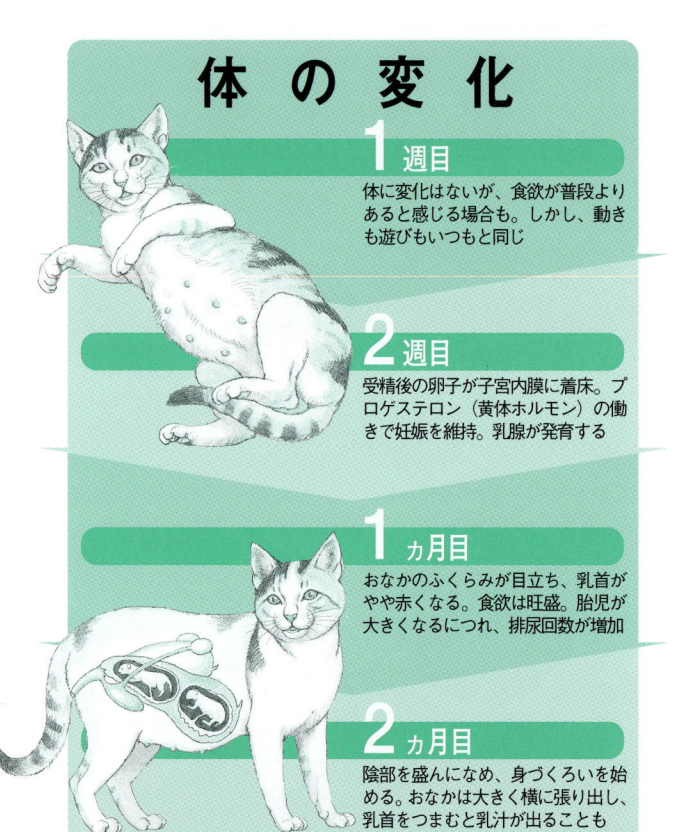

体の変化

1週目

体に変化はないが、食欲が普段よりあると感じる場合も。しかし、動きも遊びもいつもと同じ

2週目

受精後の卵子が子宮内膜に着床。プロゲステロン（黄体ホルモン）の働きで妊娠を維持。乳腺が発育する

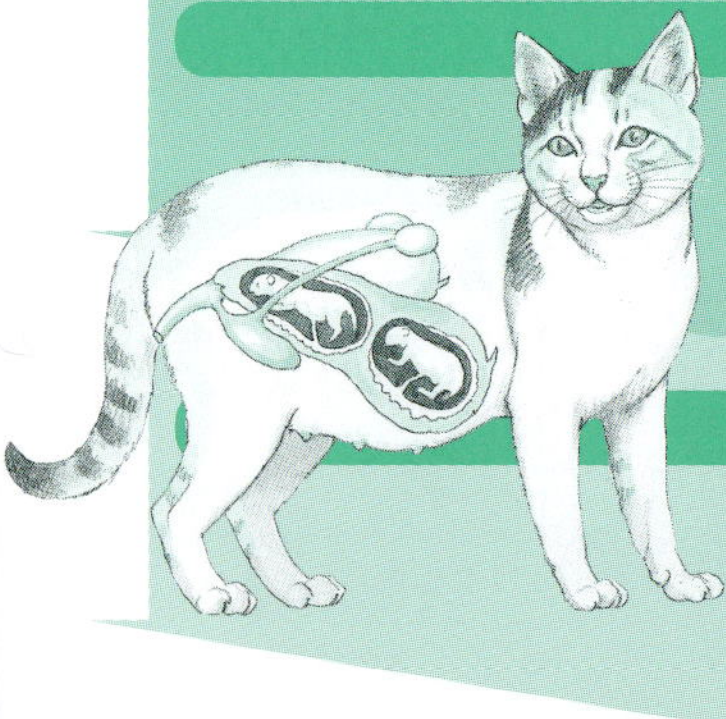

1ヵ月目

おなかのふくらみが目立ち、乳首がやや赤くなる。食欲は旺盛。胎児が大きくなるにつれ、排尿回数が増加

2ヵ月目

陰部を盛んになめ、身づくろいを始める。おなかは大きく横に張り出し、乳首をつまむと乳汁が出ることも

行動の変化

妊娠期間は約２ヵ月です。妊娠前期の１ヵ月は、食欲が普段よりあると感じるかもしれませんが、動きも遊びもいつもと同じ。ほとんど妊娠を感じさせることなく、軽快に行動します。

後期になると、物理的な体の重さによって動作がややゆっくりになるネコもいます。おなかのふくらみも目立ち始めます。「よっこらしょ」といった感じでジャンプしたり、いままで飛べていた高い場所に飛びのることをあきらめたりと、行動に変化が見られます。

食餌の変化

妊娠中のネコは、高品質で消化に優れている子ネコ用キャットフードを、必要なだけ食べさせてあげることが重要です。いつもの１５０％〜２００％の食餌量になります。いつでも充分に食べられるようにしておきましょう。

妊娠中の食事制限や、いつもの成ネコ用キャットフードでは栄養が足りなくなり、胎児にもよくありません。

出産後、下垂体前葉からプロラクチンが分泌され、乳汁の分泌が促されます。妊娠中だけではなく、授乳中も充分なカロリーを必要とします。

妊娠中の体調管理

体調の管理には細心の注意をはらいましょう。室温は暖かく一定に。食べるものは厳重に管理し、ウェットフードは、いたみやすいので、５分から10分で片づけましょう。

出産の１週間前にはレントゲンで胎児の数を確認します。主治医と予定日を確認し合い、緊急の事態の対応を話し合っておくと安心です。

注意すべきこと

伝染病

ワクチン接種で伝染病は防げるが、伝染性鼻気管炎を患うほかのネコと飼い主が接触し、うつることもある

カロリー不足

高品質で消化のよい、子ネコ用のキャットフードを与える。成ネコ用では栄養が足りず、胎児にも悪影響

おりものの異常

妊娠中の出血やおりものは、妊娠が正常に継続できていない可能性がある。獣医師の診察を受けること

体調不良

体調管理には細心の注意を。室温は暖かく一定に。ウエットタイプのフードは5分～10分で片づけること

出産の準備とケア

出産の１週間前には、レントゲンで胎児の数と、予定日を確認しましょう。獣医師と緊急事態の対応も話し合っておくこと。あとは産室を整えて出産を待ちましょう。

巣作りのお手伝い

母ネコは出産間近になると、安心して出産できる場所を探し始めます。いままで行ったことがない部屋の隅や、ワードローブの中に入ります。ネコが好むところを選ぶので、飼い主はその場所を安心して出産できる産室にします。何かで囲いをするのもいいでしょう。

その部屋は暖かく保ち、ホットカーペットの上に清潔なタオルを敷きます。出産が近づくと、食欲がなくなり、間近になると陰部を盛んになめるしぐさを見せます。

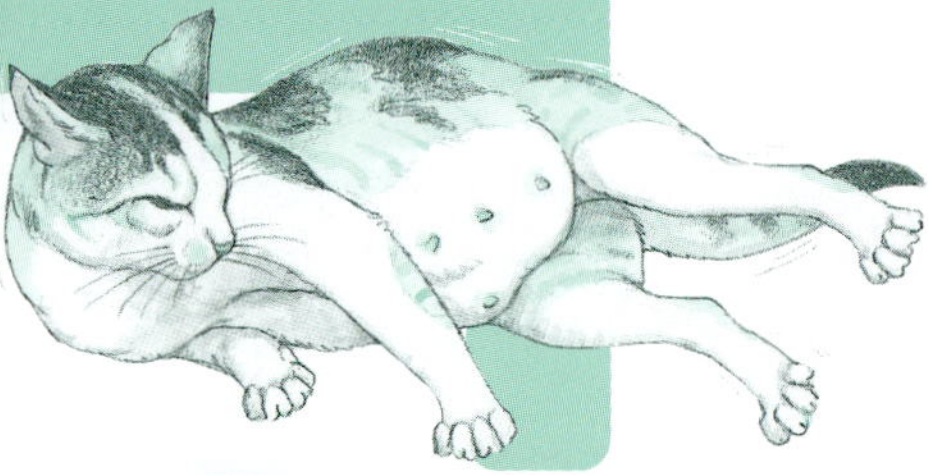

STEP 1
呼吸が激しくなり、ため息をつくような兆候から分娩が始まるネコもいれば、目立った兆候もなく分娩が始まることもある

準備する ITEM

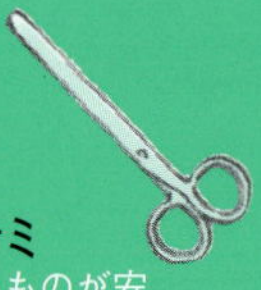

ハサミ
先のまるいものが安全。消毒しておくこと

お湯
人肌よりぬるめの湯で、赤ちゃんを洗う

タオル&ガーゼ
赤ちゃんを洗ったら、包み込むように拭く

産箱
ホットカーペットにタオルを敷き温かくする

消毒液
赤ちゃんを触る前に、人間の手を消毒する

分娩に問題が起きているケース

子ネコはふつう4、5匹生まれますが、出産前に胎児の数を確認しておくと安心。分娩が数時間におよんでも、母ネコが元気であれば問題ありません。

赤ちゃんの口に羊水が詰まっている

赤ちゃんの口の中をガーゼでぬぐい、自発呼吸を促す(①)。それでも呼吸しない場合は、背中を指でさするように、やさしくマッサージする(②)

①

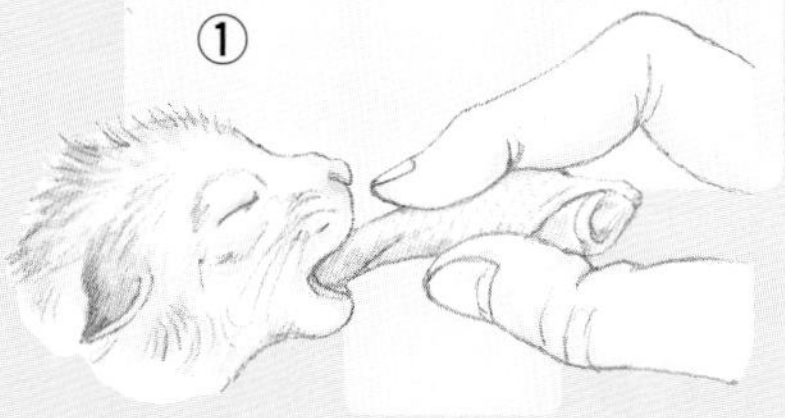

②

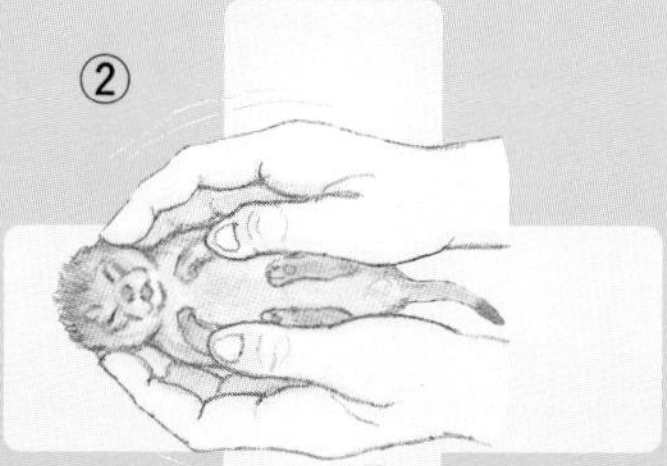

母ネコがへその緒を切らない

母ネコのかみ合わせが悪いと、へその緒を切れないことも。赤ちゃんを触っても母ネコが怒らないなら、木綿糸でしばり、ハサミで切る

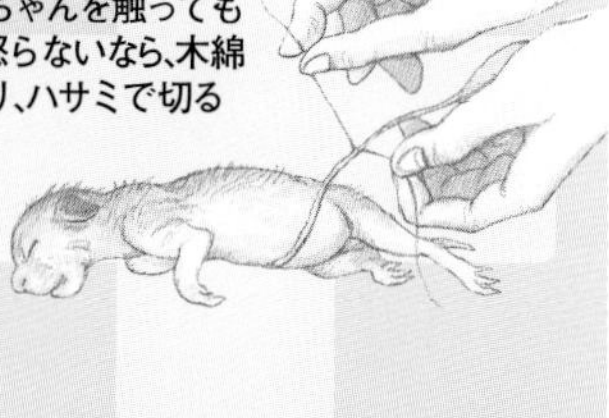

STEP 2

陣痛が始まると30分以内に、羊膜に包まれた赤ちゃんが出てくる。頭から出るが、まれに後ろ肢から出てくる逆子のことも

STEP 3

母ネコは羊膜をなめとり、その刺激で赤ちゃんは呼吸を始め、鳴き声をあげる。母ネコの陰部から赤黒い胎盤が出るので処理

STEP 4

母ネコは赤ちゃんをなめ回す。赤ちゃんは母ネコの乳首を探して、吸いつく。分娩が順調なら約15分おきに次々と生まれる

授乳期からの子育て

「哺乳類」という字のごとく、母ネコが新生ネコをお乳で育てます。
生まれてから3週ぐらいの間、母ネコは
新生ネコのそばをほとんど離れることなく、世話をします。

新生ネコのケア

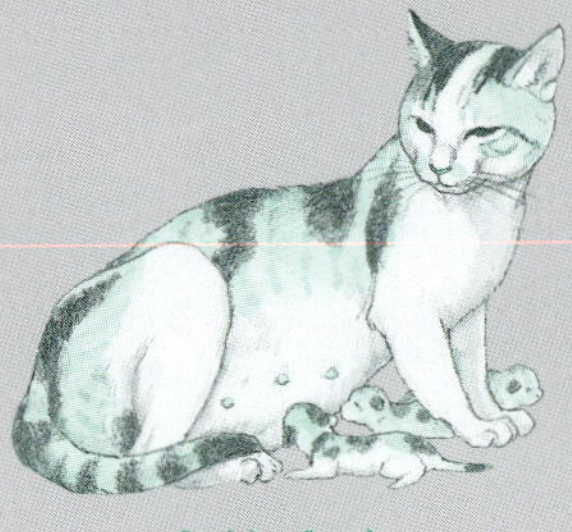

生後すぐ

乳首を吸えない新生ネコは、母ネコのおなかの近くに置き、初乳を飲ませる

母ネコのいない場合

哺乳ビンまたはスポイトで、2時間おきに、人肌に温めたミルクを与える

母ネコの子育て方法

生まれたばかりの新生ネコは、目も外耳道も閉じており、嗅覚と触覚で母ネコの乳首に吸いつきます。母ネコは新生ネコを乳首に促してじっと動かず、ときに新生ネコの体をなめます。

出産初日から数日にかけて出る初乳は、充分な栄養と移行抗体（病気に対する抵抗力）を含むため、それを飲むことはとても大切です。生まれたばかりの新生ネコは体温調節できないため、母ネコといることで体温を保ちます。排尿排泄は母ネコが肛門や陰部をなめる刺激で促されます（P71参照）。

第7章
病気の予防

気づいてあげよう 体調の変化

**ネコの病気は早期発見が大切。毎日、ネコの状態を観察し、
変化に気づいてあげることが大切です。
病院で診察を受けると安心です。**

排泄物をCheck!

おしっこは、砂の固まりの大きさと数を確認する。うんちは1日に1回、砂が表面につくのがほどよい水分量

食餌の量をCheck!

1日に摂取したフードや水の量を確認する。食欲の急激な低下や、水を大量に飲むときは問題あり

体重をCheck!

ネコは1才のときの体重から大きな変化は見られない。急激な体重の増減は、病気や肥満の可能性がある

触ってCheck!

おなかをやさしく触り、張りやシコリを調べる。痛みを感じるところを触るとネコが嫌がる

健康な状態を知る

ネコが苦しんでいる、ぐったりして動けない、などの症状は病気のサインとしてかなり末期の状態です。人間でいえば救急車で運ばれる状況です。そうなる前に発見するには、普段の健康な状態を知り、体調の変化に気づくことが大切です。食餌量と飲水量は日頃から測る習慣を。毎日50gのドライフードを食べるネコが、40gの量に減ると変化に気づけます。これが長期にわたれば体重の減少も見られるでしょう。

病気のサイン

どんな病気も時間が経てば、ネコは元気がなく、食欲もなくなります。
毎日、様子を観察して変化があれば獣医師に相談しましょう。

動作

- 正常に歩かない
- 体に触ると痛がる
- 体重をかけない、かばう部分がある
- 動かず、うずくまっている

ネコの病気は早期発見・早期治療が大切！

排泄

- トイレ以外で排泄
- 声を出す、うめく、りきむ
- 尿の色がいつもと違う
- 尿の回数が多い、または少ない

食べ方

- フードに興味がない、匂いをかがない
- フードが飲み込みづらい、飲み込めない
- かめない、よだれが出る

熱（平熱は約38.5℃）

- 低体温は危険な状態(生後5日以内の低体温は、自分で体温調節できないため)
- 発熱しているネコは食欲がなく、うずくまって、じっとしている

嘔吐

- 白い泡、そのままのフード、消化したフードなど、吐いたものは何かを観察する
- 食後、どのくらいの時間で嘔吐したか
- 嘔吐したあと、食欲があるかないか

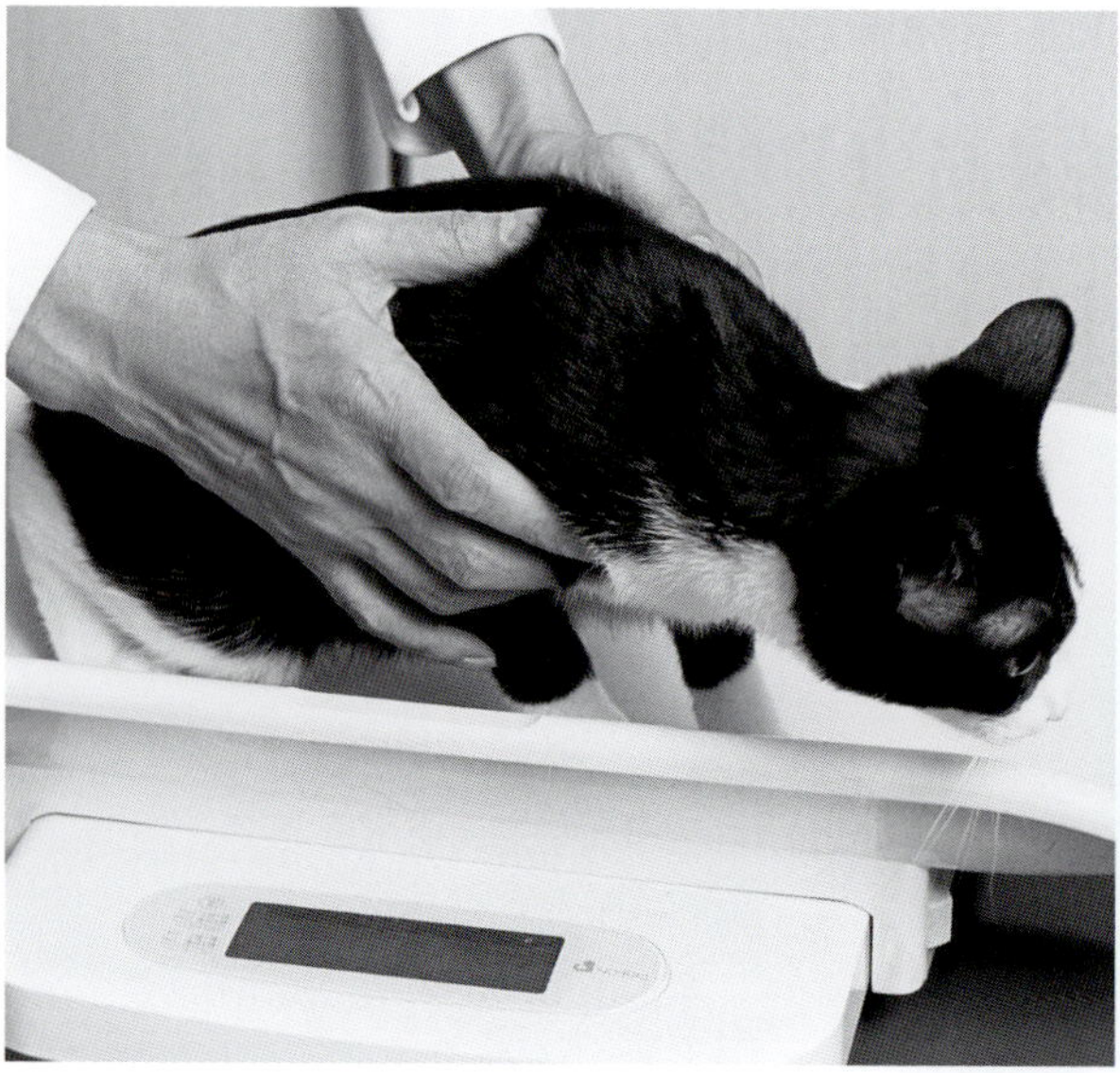

体重を量る

ネコがリラックスしているときに、体重計にそっとのせる。1才以降は、体重が増減しないのがよい。

理想的な体重の目安
（個体差があるため、あくまでも参考に）

誕生時	100 g～120 g
1週目頃	200 g～250 g
2週目頃	350 g～400 g
4週目頃	400 g～500 g
7週目頃	600 g～700 g
3ヵ月頃	1 kg～1.5 kg
4ヵ月頃	2 kg
8ヵ月頃	3 kg～3.5 kg
1才頃	3.5 kg～5.5 kg
1才以降	1才のときの体重

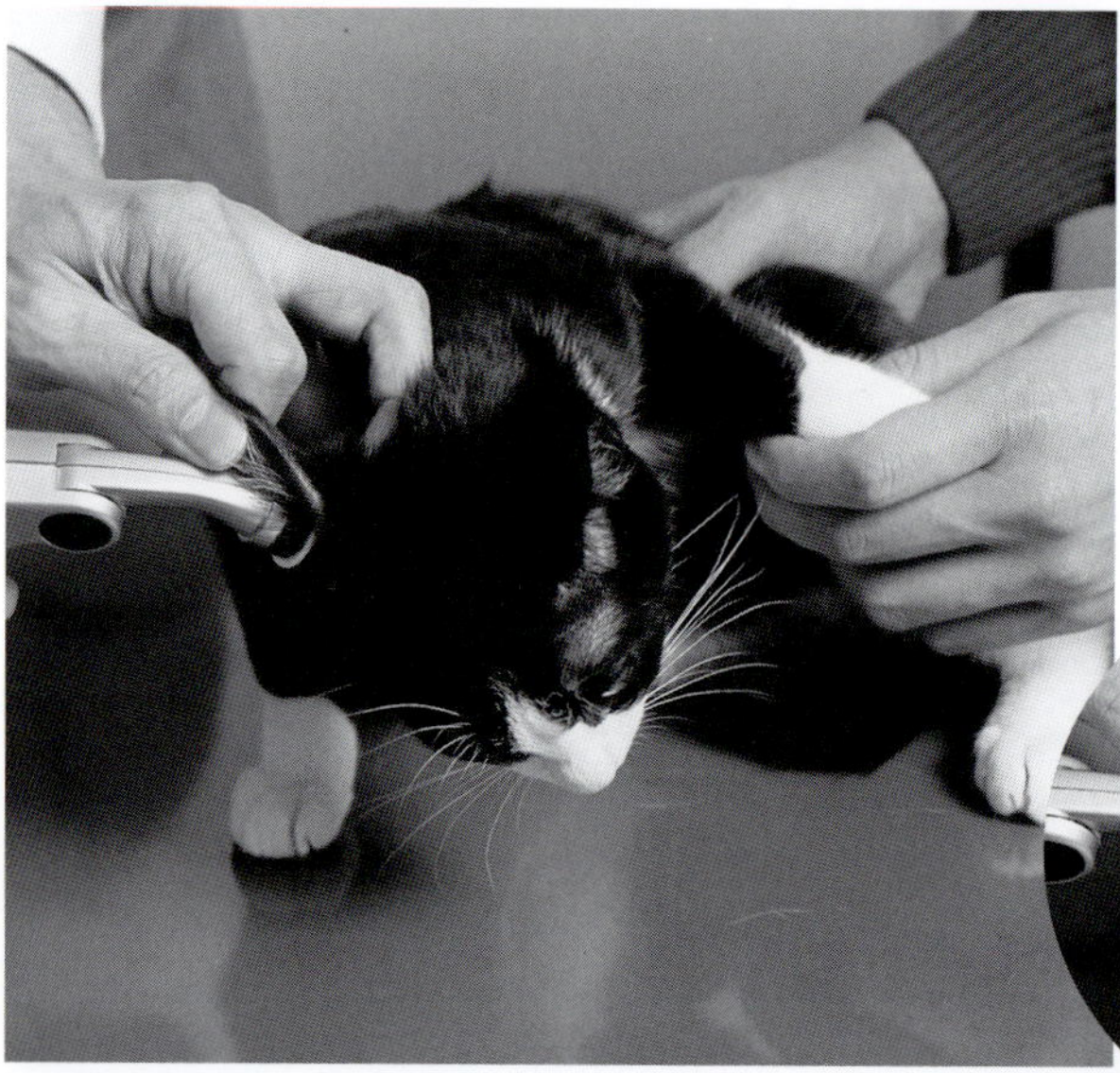

体温を測る

耳で測るデジタル体温計が便利。平熱は約38.5℃。

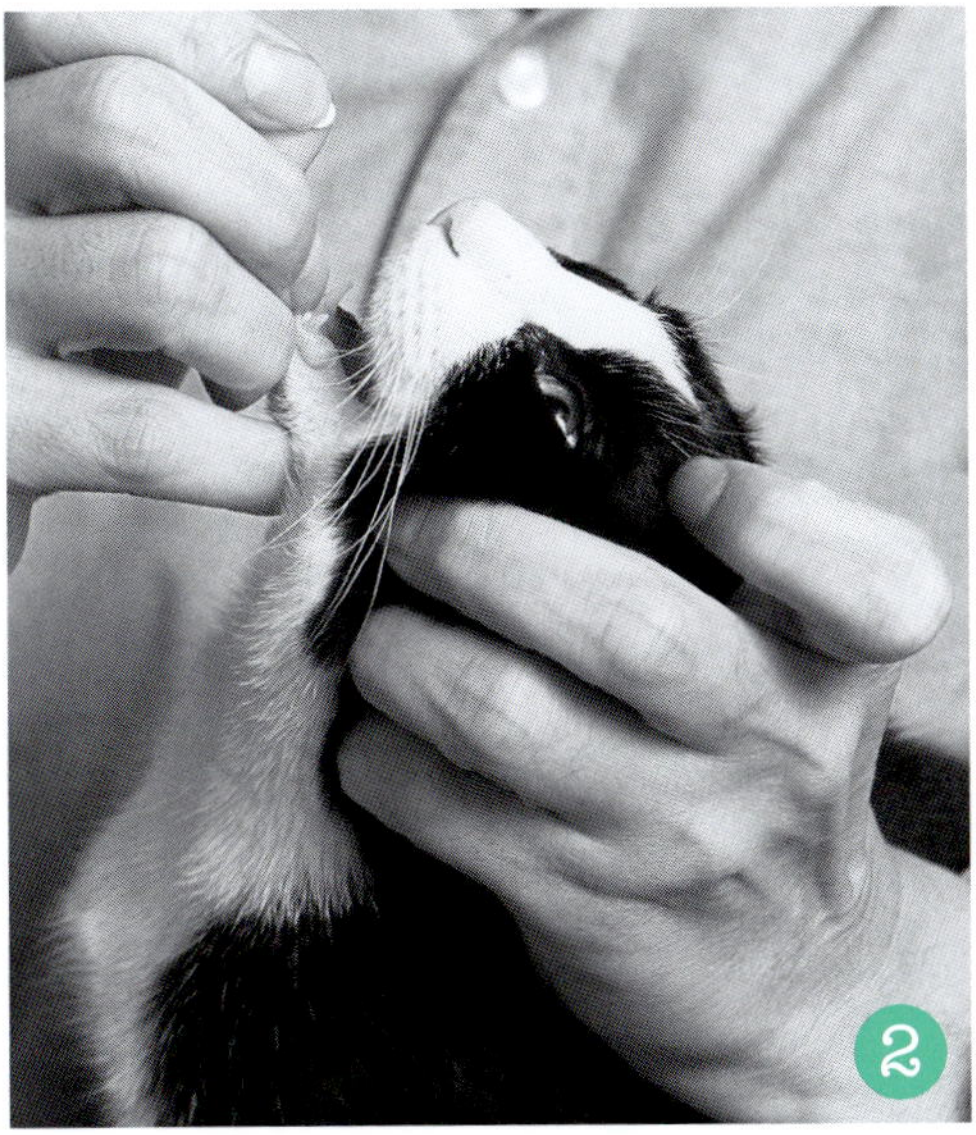

薬の飲ませ方

1. 上に向かせ、もう片方の手に薬を持ち、同じ手で口を開ける。素早く行う

2. 舌のつけ根に薬を落とし、素早く口を閉じる。鼻先を水でぬらすと鼻をなめ、薬を飲み込む

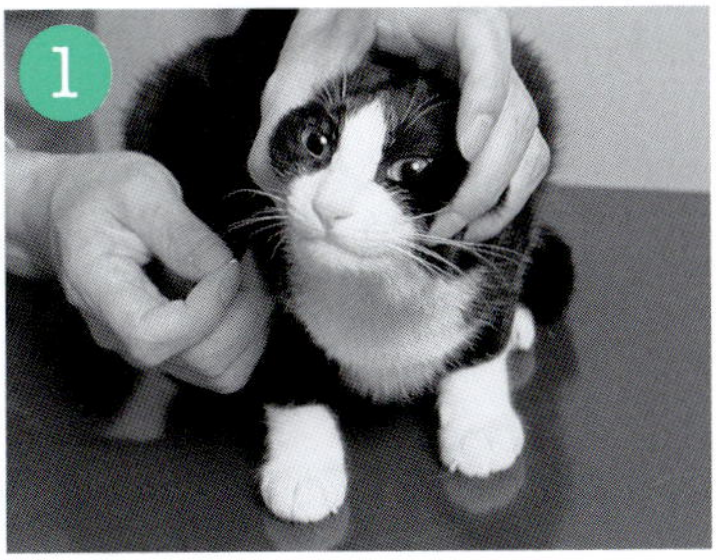

目薬のさし方

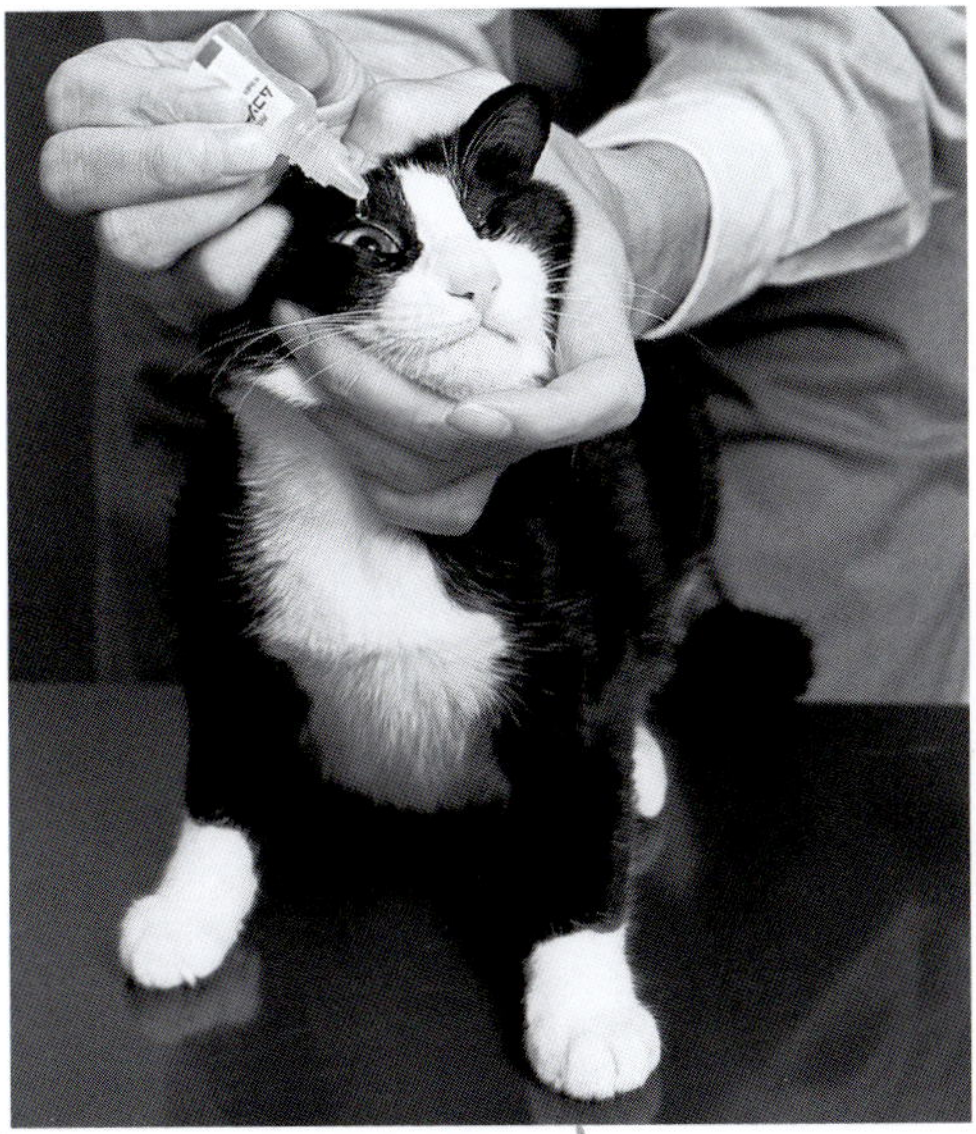

ネコが嫌がらないように、素早く、あごの下からしっかりと押さえる。もう片方の手で目薬を持ち、眼球に1、2滴落とす。

ITEM

獣医師の診断を受けて処方されたものを使う

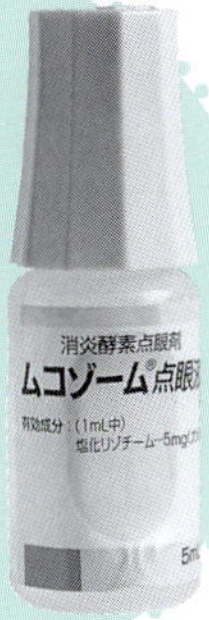

ホームドクターの選び方

日本では、人間のホームドクターもまだ一般的に浸透していません。
信頼できる専門家に、トータルな健康管理を
委ねられるほど、安心できるものはありません。

ホームドクター選びの5つのPOINT

POINT 1 ネコが好きな獣医師

POINT 2 ネコの扱いが上手（乱暴ではない）

POINT 3 丁寧に診察をしてくれる

POINT 4 病気に対する説明がわかりやすい

POINT 5 飼い主が好きになれ、長くつきあえると思う

ホームドクターの必要性

ネコの医学や生理、栄養、行動、衛生を充分に理解し、サポートするホームドクターを持つことは、ネコの健康管理を適切に願う飼い主にとって、最も重要です。

日頃からネコの状態を診ているのがホームドクターです。「何かあったら」「病気になったら」というのでは、ホームドクターを持っているとはいえません。健康なときでも病院を訪れ、健康の維持について相談ができるホームドクターが、ネコには必要です。

上手な受診方法

ネコを移動させるとき、キャリーバッグは必要です。
警戒心の強いネコを安心した状態で、
病院まで連れて行くことが大切です。

病院に行くときの3つのPOINT

POINT 1
キャリーバッグに入れて行く

ネコが逃げ出さないよう、キャリーバッグに入れる。底がしっかりして、安定感のあるものがよい

POINT 2
「何気なく」キャリーバッグに入れる

嫌がらないように入れるのが大切。バッグの上を開閉できるものだとスムーズに入れられる

POINT 3
症状の説明は客観的に

日頃の食事や排泄量、また症状が出てからの変化についてなどを、メモして病院へ持って行くとよい

「何気なく」バッグへ

病院へ行くとき、キャリーバッグは必需品です。ネコは警戒心が強い動物です。

子ネコのうちは何気なく入っていたキャリーバッグも、いつの頃からか、見せただけで逃げてしまう、ということも珍しくありません。このような行動をするネコは、「きっと、病院へ行きたくないのね」と推測できます。確かに、それは間違いではありません。

キャリーバッグに、押し込めるように入れられたり、引っ張り出されることをネコは望みません。

キャリーバッグに入れる、という行為をできるだけ嫌がらせないようにしてあげることが必要です。「何気なく入れる」が最も重要で、高度なテクニックです。

ワクチンを接種する

人間は大人になってから、ほとんどワクチンの接種をしませんが、ネコは、1年ごとに追加の接種が必要です。定期診断を兼ねて病院に連れて行きましょう。

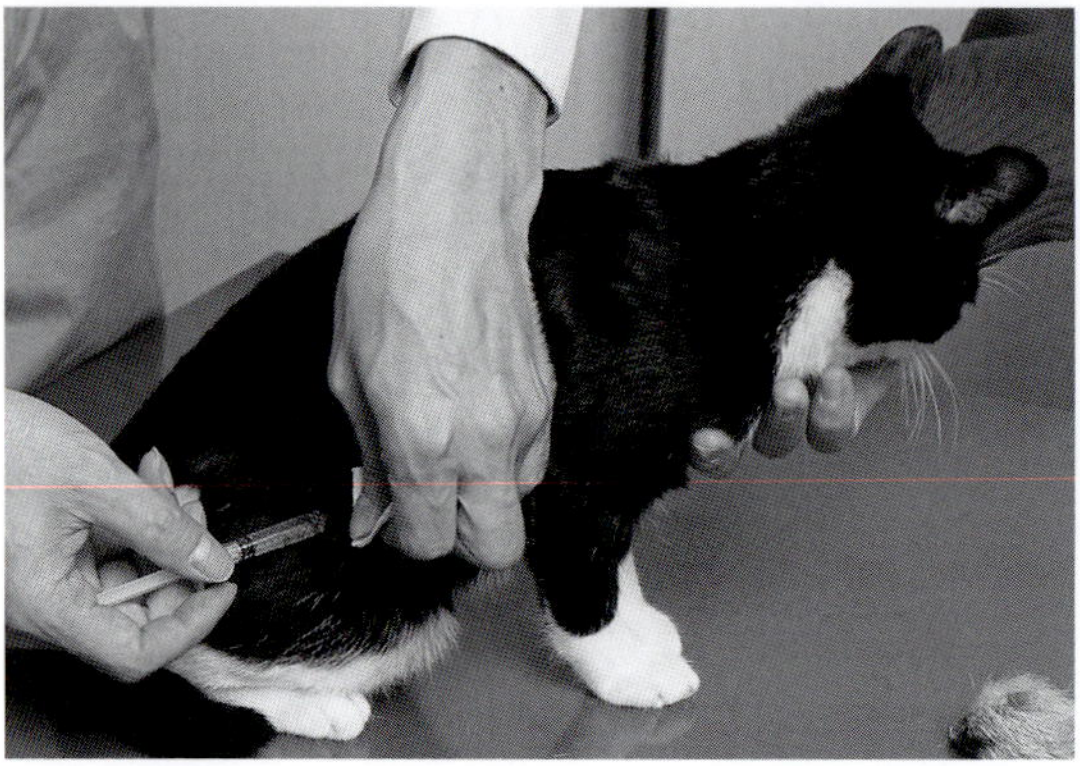

ワクチンの接種プログラム

生後2ヵ月に1回目を行う。その1ヵ月後に2回目の接種を。そのあとは、1年ごとに追加接種をする

正確なワクチン接種を

ワクチン（病原体に似た形、もしくは病原体を弱毒化したもの）の接種は、伝染病に対して抵抗力をつけることが目的です。免疫の働きで、病原体が体内に入っても発病を防止でき、発病しても重くなりません。

ネコのワクチン接種プログラムは、生後2ヵ月と3ヵ月に接種をしたあと、1年ごとに追加接種をします。なぜネコは、毎年必要なのでしょうか。

人間は何度かワクチン接種をすると、その病気にほとんど一生かからないだけの、高い免疫を獲得できることが多いのです。ところがネコは、その病気にかからないだけの高い免疫を確実に維持できる期間が1年なのです。このため、1年ごとの追加接種が推奨されています。

「正確なワクチン接種」とは、確実に免疫をつける、ネコが健康な状態のときに行うワクチン接種です。ぐあいが悪そうなときや妊娠中にワクチンを打っても、充分な免疫がつかないことがあります。

ワクチンで予防できる病気

生ワクチンは病原体を弱毒化したもので、発病はしませんが、病原体が体に入ったようになり免疫が作られます。不活化ワクチンは病原体の形だけ似せたもので、体はだまされて免疫を作ります。

混合ワクチン

ネコ伝染性鼻気管炎、カリチウイルス感染症、ネコ汎白血球減少症の3種類がひとつになった3種混合ワクチンは、最も一般的です。これらの感染経路は異なりますが、ワクチンの接種で感染を未然に防ぐことができます。

先に挙げた病気は、すべてウイルスによって引き起こされる伝染病です。伝染病は、いくら健康なネコでも免疫がなければかかってしまいます。ワクチンの接種により、それぞれの病気に対する免疫を人工的につけるのです。

近年、メーカーにより、白血病とクラミジアを追加した5種混合ワクチンやエイズワクチンも出ています。どのワクチンを接種するかは、獣医師と相談するとよいでしょう。

ワクチンの接種に毎年病院を訪れることには、そのほかにも多くの利点があります。

獣医師に健康状態をチェックしてもらい、何か異常が見つかれば、早い段階で処置することができます。

ワクチンの副作用

ワクチンを接種すると体は、免疫を作るために反応（免疫反応）します。アナフィラキシーショックは最も恐ろしい副作用です。

不活化ワクチンにはアジュバントといって、ワクチン接種で生じる免疫反応を増大させる作用を持つ物質を含むからです。この炎症反応が過剰に起こると、発熱や顔がむくむことがあります。副作用が出たら、次回の接種は種類を変えるなど対応しましょう。

5種混合ワクチン
3種混合ワクチン
ネコ伝染性鼻気管炎
カリチウイルス感染症
ネコ汎白血球減少症
白血病（単独ワクチンもある）
クラミジア
ネコのエイズ（FIV）

目の病気

黄色い目やにが出るようであれば、
「細菌感染」の疑いがあります。獣医師の診断を仰ぎましょう。

さまざまな目の病気

おもな目の病気としては、結膜炎、角膜の傷、眼房水がにごる、
第三眼瞼という膜が目をおおう、などがあります。

眼房水がにごる	虹彩炎やウイルス性から起こることがある
結膜炎	まぶたの内側の粘膜が炎症を起こし、赤く腫れる。涙が流れ、目やにが出る。ネコ伝染性鼻気管炎の症状のひとつとして表れることがある
第三眼瞼が目をおおう	瞬膜《しゅんまく》は、人間以外の、すべての哺乳類に見られる。目が炎症を起こしたとき、目を保護するために出る膜。また、病気で全身症状が悪いとき、目をおおうように第三眼瞼が出てくる
角膜の傷	外傷や、ネコ伝染性鼻気管炎から起こることがある

ネコの目

「ネコの目のようにクルクル変わる」という表現があります。これはネコの瞳孔が、開いたり閉じたり自在にできる様子のことです。光の少ない（薄暗い）ところでは、瞳孔が大きく広がって、光を充分にとり入れてものを見ます。明るい場所では、瞳孔は筋のようになり、光があまり入らないようにします。これは人間が眩しいときにサングラスをするようなものです。

耳の病気

耳をしきりにかいたり、振ったりする様子を
飼い主が気づいてあげることが必要です。

耳の病気に気をつける

おもな耳の病気としては、外耳の感染症(細菌感染や真菌など)や、
アレルギー、耳ダニなどがあります。

耳ダニの基礎知識

症状	かゆみがあり、激しく耳をかく。外耳道内に黒い耳アカが認められる
検査方法	顕微鏡検査により、耳ダニが認められることが確定診断となる
感染ルート	ネコからネコへ、子ネコは母ネコから感染する
治療方法	耳道内の耳ダニを、薬剤で駆除する

こまめに耳の中をチェック

しきりに耳をかいたり、頭を振ったり、黒い耳アカが出るときは、耳ダニの疑いがあります。

また、耳の中から茶色の耳アカが出てきたり、耳の穴が狭くなってしまうこともあります。耳の病気の原因もさまざまです。獣医師の診断を受け、治療をすることが大切です。

歯の病気

**歯のトラブルは、どんなに健康なネコでも起こるものです。
歯みがきを1週間に1回程度行うとともに、
病院での定期的なケアが必要です。**

虫歯のサイン

冷たいものや熱いものを飲まないため、人間のように虫歯の始まりを予感することは難しいかもしれません。しかし、虫歯が進行すれば、次のようなサインが見られます。

虫歯の sign1

歯石と口の臭いをチェックする。飼い主が、ネコの口を触ろうとしたとき、とても嫌がるなら、どこか痛みを感じる歯があるかもしれない

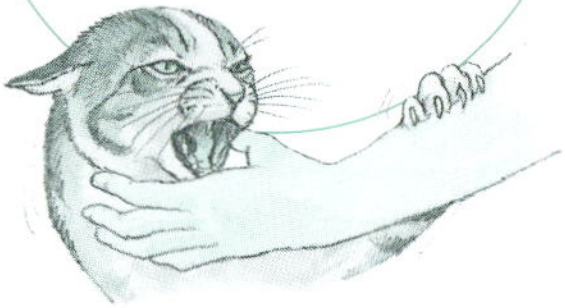

虫歯の sign2

どのような食べ方をしているか注意して見る。ドライフードをこぼしたり、食べにくそうにしていたり、首を傾けながら食べたりする場合は注意

虫歯の sign3

食前に考え込んだり、食べるのを止めたかと思うと急に走り回る。また、食べている最中に悲鳴に似た奇声を出す、口の周りを手でぬぐいとろうとするなど

虫歯は予防が大切

ネコの虫歯は、細菌の黄色い固まりである歯石が歯と歯ぐきの間につき、歯肉を押し下げて歯根部があらわになることで起こります。セメント質でできている歯根部は構造的に弱く、ここから虫歯になります。人間同様、ネコの歯には神経があり、刺激されれば痛むと思われます。

虫歯は抜歯し、健康な歯が虫歯にならないよう定期的に歯石を除去する予防が必要です。しかし、人間と暮らしキャットフードを食べているネコは、歯がなくなっても困りません。ドライフード程度の大きさなら、苦もなく飲み込めるからです。

病院での歯石ケア

定期的に歯石を除去する予防が大切。人間同様、ケスラーという金属のヘラのようなものでとる。処置の間、動かずにじっと口を開けていることは無理なので、全身麻酔をかけて行う。定期的に歯石を除去することで、歯根部に虫歯を発見できることも

皮膚の病気

最も発見しやすい病気でしょう。
原因により治療法が異なるので
その特定が重要です。

皮膚病の原因

原因はさまざまです。真菌症は人畜共通に感染します。
気づいたらすぐ診察を受けましょう。

ノミ	●刺されてかゆみが起こる ●小さなかさぶたのようなものができる ●かいた部分の毛が抜ける
カイセン	●皮下に(カイセン)トンネルを作る ●激しいかゆみがある ●顔と手に、症状が出ることが多い
真菌症	●円形脱毛が見られる ●カサカサしたフケのようなものが見られ、広がっていく
アトピー	●内股、腹部に赤い湿疹ができる ●かゆみがある ●食餌アレルギーは顔に出る傾向がある
スタッドテイル	●尾から背にかけての皮脂腺、アポクリン腺に富む部分に分泌物が出る ●分泌物が過剰に出ると毛がべたつき、ひどい場合は炎症を起こす
皮下膿傷(アプセス)	●ケンカの傷口(かみ傷)からパスツレラ菌に感染し、皮下に膿がたまる ●皮膚が盛り上がり、やがて皮膚がやぶれる

肌の観察と清潔さが大切

皮膚の病気に見られる症状は、原因によってさまざまです。

ネコは、全身を毛でおおわれているため、ブラッシングを兼ねて毎日、皮膚の状態をチェックすることが大切になります。

かゆみをともなう場合は、その部分をかいたりなめたりするので、毛が薄くなっていたり、皮膚が赤くなったりします。

寄生虫

一度駆虫すれば、ほかのネコと接したり、再感染しないかぎり再発の心配はありません。また、フィラリア感染は命に関わる病気なので、予防することが大切です。

回虫（線虫）

回虫には、ネコ回虫と犬回虫がいます。ともに消化管に寄生し、便とともに排出されます。ネコ回虫は顕微鏡検査で、うんちの中の卵を見つけて診断できます。駆除しましょう。

回虫は白くて細長く、長さは5㎝〜10㎝くらいです。回虫が消化管に寄生しても、下痢することはまれです。ときに、便と一緒に回虫が出てくることや、嘔吐物と一緒に吐き出されることもあります。

室内で暮らし、ほかのネコと接しない場合は、一度駆虫すれば、再感染しないかぎり問題ありません。

その他の寄生虫

腸管内の寄生虫は、線虫、原虫、条虫などがあります。線虫の仲間として回虫のほかに、こう虫、糞線虫などがいます。こう虫や糞線虫は下痢を引き起こすことがあります。いずれの線虫も検便によって虫卵が確認できます。

コクシジウムは原虫としてよく見られます。検便でオーシストを確認して診断します。コクシジウムも下痢を引き起こします。

条虫は、ノミから感染する瓜実条虫が最もよく見られます。便とともに片節が排出されることで発見されます。駆虫とともに、ノミの寄生を予防しなくてはなりません。

また、ネコにもフィラリアの予防が大切です。心臓と肺動脈内に寄生し、咳や呼吸困難になることがあります。突然死したネコの解剖後、フィラリアの寄生が確認できることもあります。この病気は、診断、治療とともに困難なため、蚊の出る時期に、月に1回の予防薬を飲ませることが必要です。

ノミ、回虫、ミミヒゼンダニ、フィラリアをすべて駆虫できる滴下薬があります。

ノミ

**寄生した雌のノミは毎日、卵を産み続けます。
その数は1日に平均30個ほど。ノミの平均寿命は約２週間といわれているので、
その一生に数多く産卵することになります。**

見つけ方

ブラッシング中、クシに黒い砂粒がとれたら、ぬらしたティッシュの上に置く。数分後、赤黒い色が染み出したらノミのフン。オキシドールをかけると泡が出る

ノミが寄生できる理由

ノミの卵は夏なら2日、春なら数日で孵化《ふか》します。冬でも室内は、暖房により温かいため、孵化して繁殖が進みます。

ノミは孵化しても、確実にネコに寄生しないと、数時間しか生きられません。近くにネコがいることを知る必要があるため、ノミはネコの体温か振動を感じられると考えられています。

駆除方法は、獣医師から処方された滴下薬を使うのが、安全かつ簡単です。

ノミの生態

ノミは昆虫（外部寄生虫）です。卵から生まれて幼虫に、
それから脱皮を繰り返してサナギになり、最後に、成虫になります。

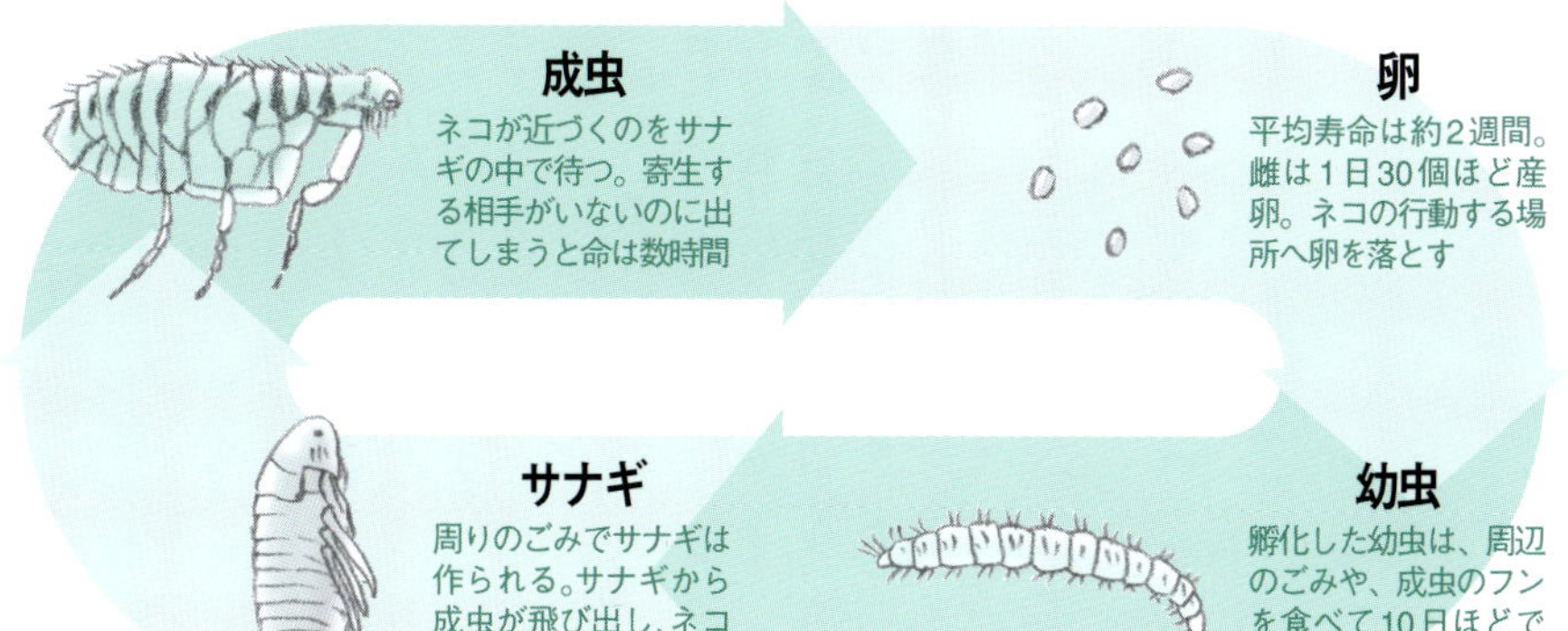
成虫
ネコが近づくのをサナギの中で待つ。寄生する相手がいないのに出てしまうと命は数時間
卵
平均寿命は約２週間。雌は１日30個ほど産卵。ネコの行動する場所へ卵を落とす
幼虫
孵化した幼虫は、周辺のごみや、成虫のフンを食べて10日ほどでサナギになる
サナギ
周りのごみでサナギは作られる。サナギから成虫が飛び出し、ネコに寄生する

ネコのアレルギー

**人だけではなく、ネコにもアレルギーがあります。
原因はなかなか特定できませんが、
人と同様に、さまざまな症状が見られます。**

喘息

喘息は、アレルギーにより引き起こされる呼吸器の病気です。気管支の内膜が炎症で腫れて細くなったり、滲出液《さんしゅつえき》が気管支の中をおおったりして咳が出ます。

しかし多くの場合、飼い主は咳をしているのではなく、吐き気のため嘔吐していると感じてしまいます。

実際にネコは咳き込むと、胃の中のもの（ときとして毛玉）を吐き出すことがあり、それが咳であることを認識することが難しくなります。

喘息の症状は突然に表れます。食欲にもあまり変化は見られません。問題は、この状態を無視して放置することにより大きな発作を起こすことです。

喘息の発作は呼吸困難を引き起こして、場合によっては死にいたることもあります。

アレルギーの原因は、食物によるものもあります。ネコに食べさせてはいけない食材については、充分な注意が必要です（P56、57参照）。

ノミアレルギー

寄生したノミが、血を吸うときに出される物質に対して抗原抗体反応が起こる状態を、ノミアレルギーといいます。

これはノミに寄生された、すべてのネコに起こる反応ではありません。ネコのノミに対する反応はそれぞれ違いがあります。

反応の強く出るネコは寄生するノミの数に応じてではなく、たとえ少ない数でも刺されれば強いかゆみが出ます。逆に、かゆみの反応をほとんど示さないネコもいるので、抗原に対する反応の差といえるでしょう。

母から子にうつる病気

母ネコが病気を持っていると、一緒にいる子ネコにも高い確率で病気がうつります。子ネコはもちろんのこと、母ネコの予防接種や健康管理もしっかり行いましょう。

エイズ
（P152参照）

エイズに感染した子ネコの多くは、母親がエイズであるエイズベイビー。母親がはっきりしない子ネコは、まず血液検査をすることが大切。ワクチン接種で予防

ネコ白血病ウイルス感染症

感染した母ネコの母乳や唾液からうつる。発病するとリンパ系のガンや、骨髄がダメージを受けて貧血に。症状が出ると治療は困難。ワクチン接種で予防

耳ダニ
（P145参照）

子ネコは母ネコから感染する。耳のかゆみが激しく、よく耳をかく。外耳道内に黒い耳アカが認められる。獣医師の処方する薬剤で駆除を

コロナウイルス
（P153参照）

下痢を起こす。自然に回復するが、まれに悪化して死亡することも。便と唾液から感染するため、トイレを共有する環境では、その集団が汚染される

回虫症
（P148参照）

ネコの消化管に寄生する。成虫は卵を産み、うんちの中にそれを排出。診断方法は、顕微鏡でうんちを検査する。獣医師の処方する駆虫薬で治療を

真菌症
（P147参照）

生後1年以内に多い皮膚病。円形脱毛が多く、かゆみはない。早い時期の診断と治療が必要。病変部の皮膚と被毛を培養して調べる。種類により人にも感染

母ネコの対策を万全に

母ネコが世話をしている子ネコは、母ネコの母乳や唾液、うんちなどから病気がうつってしまいます。子ネコの健康のためにも、母ネコの病気の治療やワクチン接種は行う必要があります。

まずは、母ネコのウイルス検査をして、陰性であることを確認します。回虫がいれば、駆虫します。母ネコの耳ダニや真菌症も治療することで、子ネコへの感染を防げます。

ネコのエイズ

正式名称は、ネコ免疫不全ウイルス感染症。
人間にうつる心配はないので、
正しく理解して予防しましょう。

ネコエイズの基礎知識

症状	発症すると免疫不全状態になり死亡する。症状は多岐にわたる
検査方法	病院で血液検査を行う。母親のエイズ陰性が証明されていない子ネコは血液検査を必ずすること
感染ルート	交尾やケンカによる傷から、唾液の中のエイズウイルスが侵入して発病する。空気感染やふつうに生活をしている状態では感染はしない
予防法	エイズワクチンの接種

厳重な健康管理が必要

ネコにも人間と同様に、エイズがあります。ウイルスにより感染するエイズは血液検査で発見できます。

エイズ感染した子ネコの多くは、母親がエイズ感染ネコであるエイズベイビーです。

エイズはウイルスの侵入によって発病しますが、空気感染やふつうの生活では感染しません。感染したネコすべてが、すぐに発症して死亡するわけではありませんが、獣医師の診断のもと厳重な健康管理が必要です。

ワクチンのない伝染病

コロナウイルス

軽い症状なら自然に治ることもありますが、
悪化してFIPウイルスに変化すると
伝染性腹膜炎を起こし、命を落とす危険もあります。

コロナウイルスの基礎知識

症状	腸コロナウイルスによる下痢はそれほど激しいものではなく、ほとんど自然に回復する。悪化してFIPウイルスに変化すると死亡する
検査方法	血液検査で抗体価を調べ、高ければウイルスがいるか、または以前体内に入っていた。診断が難しく、症状と照らし合わせて診察を
感染ルート	便、唾液から感染。トイレを共有する環境ではそのコロニー（ネコの団体）そのものがウイルスに汚染されたと考える必要がある
予防法	ウイルスのいないコロニーでは伝染性腹膜炎の発症はないため、その場に近づかせない

悪化すれば死亡も

コロナウイルスは数種類ありますが、問題なのは腸コロナウイルスと呼ばれる下痢を起こすウイルスと、伝染性腹膜炎を起こすFIPウイルスです。

診断が難しく、血液検査だけでは断定できないため、症状と照らし合わせた診察が必要です。

腸コロナウイルスによる下痢は自然に回復しますが、悪化して死亡する場合もあります。これは、腸コロナウイルスがFIPウイルスに変化したことが原因と考えられます。伝染性腹膜炎の、確定診断は解剖しなければわかりません。

もしものときの応急処置

処置を必要とするネコは、痛みや恐怖心で
おびえています。落ち着かせるよう、
慎重に手当てを進めることが大切です。

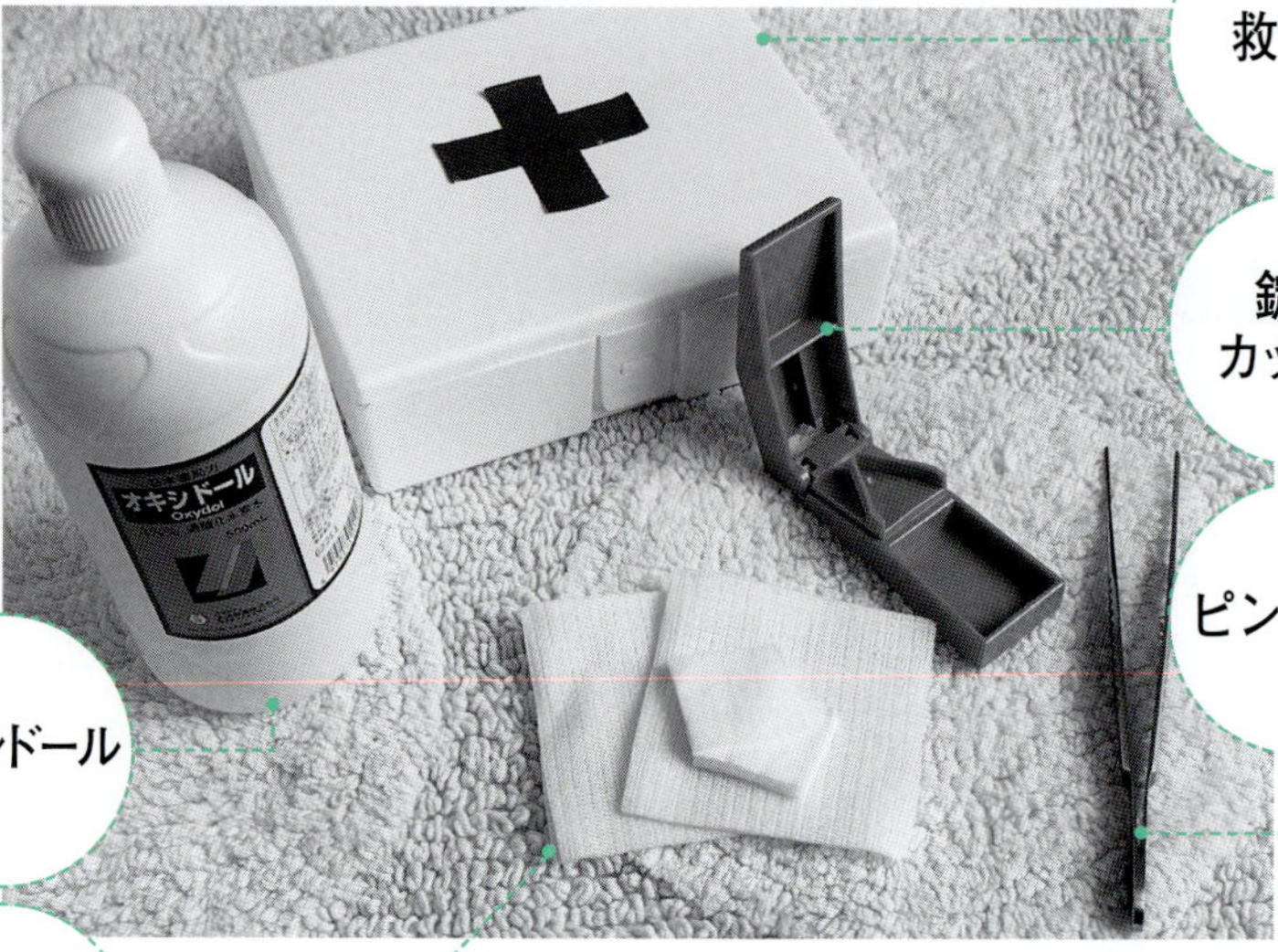
救急箱
錠剤
カッター
ピンセット
オキシドール
脱脂綿
オキシドール
Oxydol

用意しておきたい救急セット

ネコ専用の救急箱を用意しておくと、緊急事態に素早く対応できる。人間と兼用はダメ

精神を落ち着かせる

外傷や火傷を負ったネコは、痛みでおびえ、ふつうの精神状態ではありません。飼い主の認識もできず、手当てをしようとしても、必死で逃げてしまいがちです。

病院に運ぶときは、大きめのバスタオルなどでネコをくるみます。なるべく慎重に進めましょう。さらに、大きめのダンボールなど、底の安定した箱に入れてあげるとよいでしょう。

パニックになっているネコは、飼い主にかみついたり、引っかいてケガを負わせることがあります。充分注意して対処しましょう。

応急処置の手順

あくまでも病院へ駆け込むまでの間に、
飼い主が行える処置の手順です。
処置をしたあとは、獣医師の診察を必ず受けましょう。

意識不明

舌を巻き込んで、気道を閉鎖させてしまう恐れがある

対処法

舌を引っ張り、外に出しておくとよい。すぐに、獣医師に連絡すること

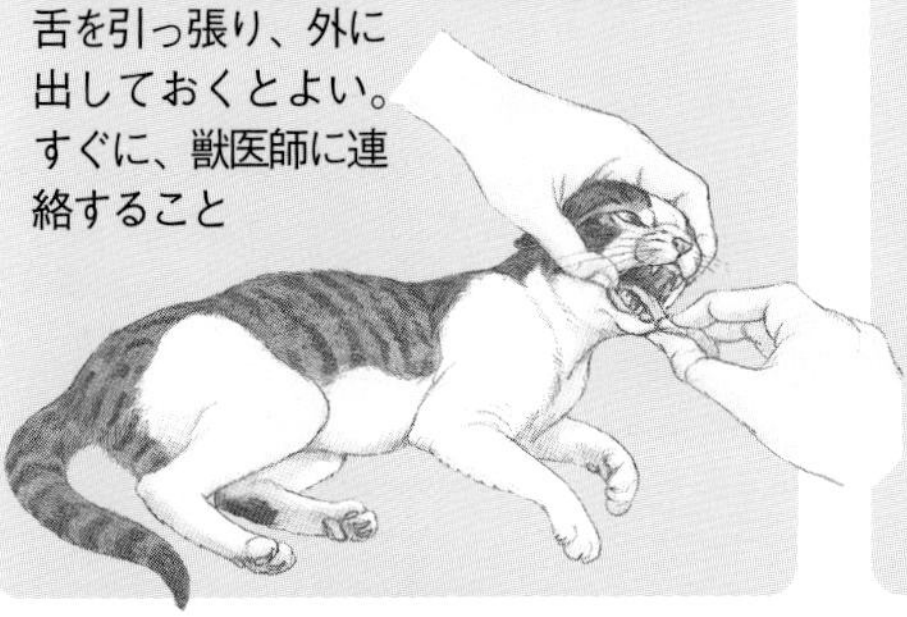

ケガ・出血

ガラスに気づかず飛び込んで、割れた破片でケガすることも

対処法

出血したら、そこを清潔な布で圧迫し、すぐに病院へ行くことが必要

溺れた

浴槽のフタや洗濯機の上にのぼり、あやまって転落して溺れることがある

対処法

逆さまにして、気道の水を吐き出させる

熱中症

夏の室温上昇で起こることがある。ハーハーと開口呼吸をし、体温の上昇が認められる。ショック状態に陥るとDIC（ハン種性血管内凝固）という出血性障害が起こり、死に至る

対処法

流水を体にかけて体温を下げる。同時に、獣医師に連絡を

2才までに多い死亡の原因

2才までに多い死因は、予防できるものが
たくさんあります。
飼い主が注意してあげましょう。

交通事故

外出するネコに起こるアクシデント。ほとんどのネコが死亡してしまうが、事故の状況により骨折だけですむこともある

パルボウイルスによる感染症

嘔吐と下痢が起きる。子ネコの場合は死亡することがある。ワクチンがあるので、接種する

エイズウイルスによる感染症

母親からの感染、成長後にはケンカによるかみ傷からの感染が多い。発症すると免疫不全により、死亡する。症状は多岐にわたる

薬物中毒

室内飼いよりも、外出するネコのほうが圧倒的に多いアクシデント。農薬、殺虫剤、廃液など、多くの物質が死にいたらしめる

先天的疾患

心筋症は進行性の心臓病で、1才までに発症し死亡することが多い。求心性に肥大し、心不全を招く。心臓の奇形は弁膜の狭窄や心室中隔欠損が見られる。アミロイドーシスは、腎臓のアミロイドが沈着し、腎不全を起こして死亡する

白血病ウイルスによる感染症

母親からの感染、成長後にはケンカによるかみ傷からの感染。発症すると骨髄抑制からの貧血、リンパ腫などの症状で死亡する。ワクチンあり

ネコ伝染性鼻気管炎ウイルスによる感染症

結膜や鼻の粘膜で増殖し、子ネコの場合は死亡することがある。ワクチンがあるので、動物病院で接種して予防する

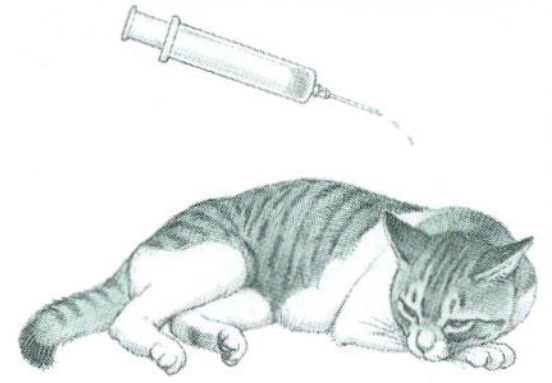

FIPウイルスによる感染症

過ごした環境で感染。発症すると腹水、胸水などの滲出液の発生や、多臓器に起こる免疫反応で炎症が起きて死亡する。1才までの発症が多い

人畜共通伝染病とは

**人間の風邪は人にしかうつりません。
ところが、人と動物の間で感染する伝染病があります。
それが人畜共通伝染病です。**

ネコひっかき病

名前の通り、ネコにひっかかれることによって起こります。すべてのネコが「バルトネラ菌」に感染しているわけではありません。

ノミに刺されたネコは、「バルトネラ菌」に感染します。これはネコに寄生するノミが持つ細菌です。

感染したネコにひっかかれると、その部位が赤くなり傷が残ります。ひどい場合は、傷にいちばん近いリンパ節が腫れることもあります。

また、ネコとの接触歴はなくとも、ノミに刺されることで「ひっかき病」になることがあります。

ネコにノミをつけないことが重要です。獣医師の処方する、安全で効果のあるノミ駆除剤を使用し、予防しましょう。

パスツレラ

ネコの口腔内にパスツレラ「通性嫌気性菌」がいるときに、それが原因となります。皮下組織や胸腔に感染します。ケンカによるかみ傷で皮下膿瘍アプセスができることがあります。

ネコが傷を負ったら、排膿と洗浄、抗生物質の投与を行います。治りにくい場合は、エイズやネコ白血病など、免疫不全状態の疑いがあります。

ネコにかまれたら、オキシドールや70%のアルコールで傷口を絞り出すように消毒します。傷が深ければ病院で診察を受けましょう。

かまれた人が、エイズや糖尿病、臓器移植免疫抑制状態などにある場合、傷口とそこに近いリンパ節が腫れる「日和見感染」の症状が出ます。

つまり、人間の健康状態により、発病するということです。ネコにかまれないようにするのが、いちばんの予防になります。

狂犬病

哺乳類、鳥類などすべての恒温動物に感染するウイルスです。死亡率はほぼ１００%で、治療法はありません。狂犬病ワクチンで予防できます。

2才からのネコの世話

2才からのネコの成長は、5才までの青年期、10才までの中年期、
10才以降の老年期の大きく3つに分けられます。
それぞれの時期に合わせて世話をしてあげましょう。

2才～5才〈青年期〉

○毎年のワクチン接種と、体重の測定
○歯に歯石がどの程度ついているかを観察。この時期は多くの歯石がついたり、歯肉に炎症が及ぶことはまれだが、口の中に特殊な細菌や真菌がいると、若いネコでも歯石が多量についたり、歯肉に強い炎症が見られることがある。このようなときは獣医師に相談すること

5才～10才〈中年期〉

○毎年のワクチン接種
○体重の増加は中年のサイン。大きく体調を崩すことはないが、肥満が目立つようになる。青年期に比べて運動量の低下が見られ、フードの量や質を考慮する。1才より15%以上の体重の増加があれば、減量を始めなくてはならない。減量は獣医師と相談し、指導のもと行うこと
○5才になったら血液検査と尿検査を毎年、病院で行う
○歯石もある程度ついてくるので除去する
○糖尿病の発生しやすい時期のため、食餌の管理はいちばん重要

10才～〈老年期〉

○毎年のワクチン接種
○尿量と飲水量が増加
○体重の減少は老化のサイン
○血液検査と尿検査は半年ごとに行う
○雌の場合、乳腺腫瘍が発生する時期に。家庭で発見できるので、乳首の周りをつまんでしこりを調べること
○徐々に体重の減少が見られる
○腎不全の発生が起こる
○老齢ネコ用の食餌に変える
○歯のトラブルが多発する。多くの場合、抜歯が必要になる

●著者

南部美香（なんぶ みか）

獣医師。アメリカ猫臨床家協会会員(The American Association of Feline Practitioners)。1962年東京都に生まれる。北里大学獣医学科卒業後、厚生省(現厚生労働省)の厚生技官を経て臨床家になる。米カリフォルニア州アーバインの「THE CAT HOSPITAL」で研修を受け、帰国後「キャットホスピタル」を開業。本業のかたわらNPO法人東京生活動物研究所理事長、NHKオープンスクール講師なども務め、多方面で活躍。著書は『痛快! ねこ学』(集英社インターナショナル)、『愛するネコとの暮らし方』(講談社)、『ネコともっと楽しく暮らす本』(三笠書房)など多数。

「キャットホスピタル」ホームページ
http://www.cathospital-tokyo.com

デザイン　近江デザイン事務所(近江真佐彦、吉村清香)
写　　真　山下寅彦
イラスト　小林裕美子、田中豊美
編集協力　小林幸枝
協　　力　南部和也、UNITED PETS

0才から2才のネコの育て方

著　者　南部美香
発行者　髙橋秀雄
発行所　**高橋書店**
〒112-0013　東京都文京区音羽1-26-1
編集 TEL 03-3943-4529 / FAX 03-3943-4047
販売 TEL 03-3943-4525 / FAX 03-3943-6591
振替 00110-0-350650
http://www.takahashishoten.co.jp/

ISBN978-4-471-08160-7

※本書についての問合せ　土日・祝日・年末年始を除く平日9：00〜17：30にお願いいたします。
内容・不良品／☎03-3943-4529（編集部）
在庫・ご注文／☎03-3943-4525（販売部）

完